Auf Schienen durch die Nordsee

75 Jahre Hindenburgdamm

Jan Kirschner

Auf Schienen durch die Nordsee

75 Jahre Hindenburgdamm

edition sh:z

Impressum

Jan Kirschner
Auf Schienen durch die Nordsee
75 Jahre Hindenburgdamm

Umschlagfoto: Sylter Archiv

Sylter Geschichten:
Frank Deppe
Gwendolin Vahle

Nikolaistraße 14 - 24937 Flensburg
Gestaltung: Frank Dahm
Lektorat: Reinholde Christiansen

Vertrieb:
Flying Kiwi Verlag, Jens Junge
Postfach 1520 - 24905 Flensburg
Druck: Harry Jung, Flensburg
2. Auflage 2003

ISBN 3-926055-65-0

Inhalt

Vorwort

Die Überwindung des Wassers als Hindernis hat in der Menschheit zu vielfältigen Entwicklungen geführt. Immer mehr technisch verfeinert, bis hin zu Segelschiffen, Dampfschiffen, Brücken und vieles mehr, aber in einem Fall führte die Überwindung des Wassers zu einer außergewöhnlichen Konstruktion und zwar die eines Dammes nur für den Eisenbahnverkehr. Einfalls- und Pioniergeist haben sich hier bewiesen, um eine technische Neuheit entstehen zu lassen. Dieses Buch soll dazu beitragen, die beeindruckenden Leistungen über den Bau und den Betrieb des Hindenburgdammes zu würdigen.

Millionen von Urlaubern sind seit dem 1. Juni 1927 in den letzten 75 Jahren über den Damm gefahren, um Erholung auf der beliebtesten Nordseeinsel zu finden. Allein zwischen den Jahren 1996 bis 2001 wurden fast 2,8 Millionen Fahrzeuge auf die Insel befördert, täglich nutzen viele Menschen die Bahn im Nah- und Fernverkehr.

Mit dem DB AutoZug SyltShuttle, der Regionalbahn Schleswig-Holstein und den Zügen der DB Reise & Touristik haben wir in der Vergangenheit die Insel sehr gut ans Festland angebunden; unsere Angebote für Inselbewohner wie für Gäste werden wir auch künftig ständig verbessern. Die Visitenkarte Hindenburgdamm ist und bleibt eine der wichtigsten Eisenbahnverbindungen in Norddeutschland.

REINER LATSCH

Konzernbevollmächtigter der Deutschen Bahn AG
für die Länder Hamburg und Schleswig-Holstein

Die „Bauherren“ des Hindenburgdamms. Von Links: Reichsbahn-Oberrat Hampke, Reichsbahn-Oberrat Schondorf, Oberregierungsbaurat Dinkgräve, Reichsbahndirektor Kümmel (Reichsbahndirektion Altona, Gesamtbauleitung), Reichsbahndirektionspräsident Dr. Schneider, Regierungsbaumeister Weinholdt (Wasserneubauamt Husum), Regierungsbaurat Dr.-Ing. Hans Pfeiffer (Wasserneubauamt Husum, „Meister des Dammbaus“), Regierungsrat Häseler (örtliche Bauleitung), Regierungsrat Lay (örtliche Hochbauten), Regierungsbaumeister Mügge (Wasserneubauamt Husum).

Als es den Hindenburgdamm noch nicht gab

Kein Zweifel: Der 1. Juni 1927 war ein großer Tag in der Geschichte Sylts. An diesem Tag hörte der nördlichste Zipfel Deutschlands auf eine Insel zu sein. Ein Meilenstein, ja ein Quantensprung in der Entwicklung des Verkehrs zwischen dem nordfriesischen Festland und der „Königin der Nordsee“. Das beweist auch ein Blick zurück – in eine Zeit, in der auf Sylt noch niemand an den Fremdenverkehr dachte und bittere Armut herrschte. Landwirtschaft und eine bescheidene Küstenfischerei sicherten in der ersten Hälfte des 19. Jahrhunderts die karge Existenz der Bevölkerung.

Dementsprechend hielten lediglich unregelmäßige Schiffsverbindungen, die einzig und allein

Wenn nichts mehr ging: In längeren Frostperioden sicherten die „Eisboote“ die Postverbindung zwischen Sylt und dem Festland.

Munkmarsch 1888: Das Zeitalter der Eisenbahn hat Sylt erreicht.

der Versorgung der Insulaner dienten, den Kontakt zur Außenwelt aufrecht. Vieh- und Postfähren verkehrten zwischen mehreren Ortschaften an der Sylter Ostküste und dem Festland – ohne festen Fahrplan. Bis in die Mitte des 19. Jahrhunderts blieb eine Reise zu den nordfriesischen Inseln wenigen Abenteuerlustigen vorbehalten.

Erst dann verbesserten sich die Reisebedingungen zu den Nordseeinseln zusehends. Die treibende Kraft dieses Fortschrittes war der Fremdenverkehr, der sich seit 1854 auf Sylt etablierte. In jenem Jahr tummelten sich ein paar Dutzend Badegäste am Strand von Westerland, dessen unaufhaltsamer Aufstieg nun begann. Bereits 1877 hatte ein Urlauber die Wahl zwischen 150 Hotels, Pensionen und Privatquartieren; zehn Jahre später wurden in Westerland erstmals über 5000 Kurgäste registriert, und noch einmal zwei Dekaden weiter war aus dem ehemaligen Bauerndorf eine Stadt geworden.

Ebenso wie der Badebetrieb wuchs der Verkehr. Da war die Eisenbahn, die auf dem Festland ihren Siegeszug antrat und allmählich auch den nordfriesischen Raum immer besser erschloss. Oder der Schiffsverkehr, der ständig neue Dimensionen annahm. Als der dänische Staat am 1. Juni 1854 das Post- und Fährwesen zwischen Hoyer und Munkmarsch in seine Obhut brachte, bestand erstmals eine regelmäßige Verbindung zwischen Sylt und dem Festland – allerdings noch auf Basis von Segelbooten. Knapp 30 Jahre später, 1883, bewältigte die neu gegründete „Sylter Dampfschiffahrt-Gesellschaft" (SDG) ihren Linienverkehr zwischen Hoyerschleuse und Munkmarsch bereits mit drei Raddampfern: „Germania", „Sylt" und „Westerland" liefen Sylt im Sommer zweimal, im Winter einmal täglich an.

Weiterer Auftrieb resultierte aus der Fertigstellung der Marschbahn. Seit November 1887 waren Husum, Niebüll, Tondern und Ribe durch ein letztes Teilstück miteinander verbunden. Fünf Jahre später zweigte in Tondern eine Stichbahn nach Hoyerschleuse ab. Sehr zum Vorteil von Sylt: In der Badesaison rollten nun zwischen Hamburg und dem Fährhafen die so genannten „Bäderzüge", die die Urlauber an die Nordsee und vor allem nach Sylt brachten. Auch die Ferieninsel selbst entdeckte nun die moderne Technologie der Eisenbahn. Pünktlich zum Badebetrieb im Jahre 1888 nahm die Dampfspurbahn von Munkmarsch nach Westerland ihren Verkehr auf. Dieser rund vier Kilometer lange Schienenstrang sollte sich als Keimzelle eines Sylter Inselbahnnetzes entpuppen. Das Eisenbahnfieber erfasste innerhalb der folgenden zwei Dekaden praktisch alle Inselorte zwischen Hörnum und List.

„Wer mit diesem Schiff eine Reise macht, wird auf schnellste und zugleich bequemste Weise befördert." Diese Lobeshymne galt der zweiten Möglichkeit, im ausgehenden 19. Jahrhundert nach Sylt zu gelangen – dem Seebäderdienst, dessen Blütezeit 1891 begann, als Albert Ballin die Bildfläche betrat. Mit seinen drei Dampfern „Cobra", „Prinzessin Heinrich" und „Silvana" unterhielt der Hamburger Reeder in der Hochsaison einen täglichen Linienverkehr zwischen Hamburg, Cuxhaven, Helgoland sowie den nord- und ostfriesischen Inseln. Am 1. Juli 1901 machte der Salondampfer „Cobra" erstmals an der 153 Meter langen Hörnumer Brücke fest. Die neue Sylter Südbahn stellte die Weiterfahrt durch die Dünenlandschaft nach Westerland sicher. Ab 1905 steuerten die „Giganten" der HAPAG die Sylter Südspitze an.

Aber egal, welche Route der Reisende wählte – ohne Einschränkungen beim Komfort kam man damals nicht auf die Insel. Die bequemere Seereise war zeitaufwendig; mehrmaliges Umsteigen prägte den schnelleren „Landweg". Zudem sorgten die unterschiedlichen Wasserstände ständig für neue Abfahrtszeiten der Fährschiffe. Kein Wunder, dass auf Sylt die Forderungen nach einem Damm immer lauter wurden, zumal die Verkehrsbeziehungen zwischen Sylt und dem Festland außerhalb der Saison verkümmerten. Lediglich ein Dampfer fuhr im Winter von Munkmarsch nach Hoyerschleuse – günstige Witterungsverhältnisse vorausgesetzt. Bei Eisgang, Sturmflut oder starkem Ostwind ging nichts mehr, dann wurde der Fährbetrieb eingestellt. In längeren Eisperioden transportierten „Eisboote", mit Segeln, Riemen und Stöcken angetrieben, Briefe, Zeitungen und lebensnotwendige Dinge zwischen Nösse und der Wiedingharde.

Bei Ausbruch des Ersten Weltkriegs lagen bereits Pläne für einen Damm nach Sylt vor, doch die kriegerischen Auseinandersetzungen ließen dieses Projekt erst einmal in der Versenkung verschwinden. Zunächst eroberte das Militär die „Königin der Nordsee". Auch danach dachte kaum jemand an den Bau

1901: Ankunft der Gäste in Hörnum mit dem Salondampfer „Cobra" - Weiterfahrt mit der neuen Sylter Südbahn.

eines Dammes. Als zu krisenhaft entpuppten sich die ersten Jahre der Weimarer Republik. Die Wirtschaft lag am Boden, der Fremdenverkehr kam nicht in Schwung, und das Verkehrswesen hatte schwere Zeiten durchzustehen.

Das Inselleben krankte aber nicht nur aufgrund ungünstiger ökonomischer Vorzeichen. Auch die politischen Konsequenzen des Friedensvertrages von Versailles machten Sylt schwer zu schaffen. Die neue Grenzlinie schob sich zwischen Nordseeinsel und den Festlandshafen Hoyerschleuse. Eine schwere Belastung für Sylt, drohten doch die strengen Pass- und Visavorschriften den Bäderverkehr im Keim zu ersticken. Immerhin verständigten sich die politisch Verantwortlichen auf den „dänischen Korridor", der eine Personenbeförderung nach Sylt ohne „Passzwang" ermöglichte.

Dennoch war eine Reise nach Sylt in jenen Jahren kein Vergnügen: Bei der Ankunft im Grenzort Süderlügum wurden die Personenzüge plombiert und unter starker Bewachung durch den „dänischen Korridor" nach Hoyerschleuse geführt. Dort mussten die Fahrgäste bis zur Abfahrt des Fährschiffes nach Munkmarsch im verschlossenen Stationshaus warten. In dieser schwierigen Situation wurde der Wunsch nach einem Damm immer drängender.

Von der Idee bis zur Planung – eine Vision nimmt Konturen an

Christian Peter Hansen – ein Visionär.

1854 erlebte das Nordseebad Westerland seine Geburtsstunde. Eine Zäsur in der Geschichte Sylts, der Christian Peter Hansen größte Aufmerksamkeit geschenkt haben dürfte; denn er war nicht nur Dorfschulmeister, sondern der wichtigste Heimatforscher der Insel im 19. Jahrhundert. Aus seinen vielen Illustrationen und Aufsätzen stammt in weiten Zügen das heutige Wissen über das „alte Sylt". Sein Hauptwerk, die „Chronik der friesischen Uthlande", erschien 1856. Darin ein Vorschlag, der exakt 71 Jahre später die Natur der Nordseeinsel komplett umkrempeln sollte. Mit einer „bequemen Verbindung zum Continent" malte sich Christian Peter Hansen eine Vision aus, die neben einer Verkehrsnutzung auch der Landgewinnung dienen sollte. Tatsächlich sollten am späteren Hindenburgdamm irgendwann einmal neue Nutzflächen entstehen: 1954 und 1982 feierte Nordfriesland die Eröffnung zweier Köge.

So richtig hatte Claus Peter Hansen wohl selbst nicht an die Umsetzung seiner kühnen Idee geglaubt. Zumindest blieb es zunächst bei der schriftlichen Fixierung. In Vergessenheit geriet der Traum von einer festen Dammverbindung aber nicht. Der Zufall wollte es, dass zwischen 1874 und 1879 niemand anderes als der deutsche Generalpostmeister Heinrich von Stephan in den Sommermonaten sein Domizil in Westerland aufschlug. Gleich im ersten Jahr nutzte Christian Peter Hansen die Gelegenheit, sich mit dem wichtigen Mann zu treffen. Schließlich bedeutete die

Abgeschiedenheit des Eilands auch für die Post ein Problem. Gemeinsam arbeiteten sie daran, die vagen Pläne eines Dammes mit Inhalt zu füllen – inklusive eines ersten Kostenvoranschlags: drei Millionen Taler.

Das Echo in der Öffentlichkeit an diesem Projekt schwankte zwischen einem generellen Interesse und ablehnenden Stimmen, die sich vor dem „Einfall des Fremden" fürchteten und Angst um die Zukunft der friesischen Kultur hatten. Doch noch war die Zeit für ein solch gigantisches Bauwerk nicht reif: Der jährliche Strom von gerade einmal 2000 Badegästen nach Westerland rückte den Sinn eines solchen Mammut-Vorhabens ins Aberwitzige. Der Inselchronist Christian Peter Hansen sollte den Bau einer festen Landverbindung nicht mehr erleben. Er starb 1879.

Seine Vision aber lebte fort. Die Abgeschiedenheit Sylts mit ihren schlechten Verkehrsverbindungen schuf immer wieder eine Plattform für die Verfechter der Damm-Idee. Einer von ihnen war der Naturwissenschaftler Dr. Ludwig Meyn, der 1876 in seiner „Geognostischen Beschreibung der Insel Sylt und ihrer Umgebung" folgende Sätze schrieb: „Wäre die Insel Sylt durch einen Damm landfest gemacht, dann wäre nicht allein der größte Schritt zur Wiedergewinnung des einst verlorenen ganzen Nordfrieslands in gesicherter Form getan, dann würde der Zustrom der Reisenden nach dem unübertroffenen

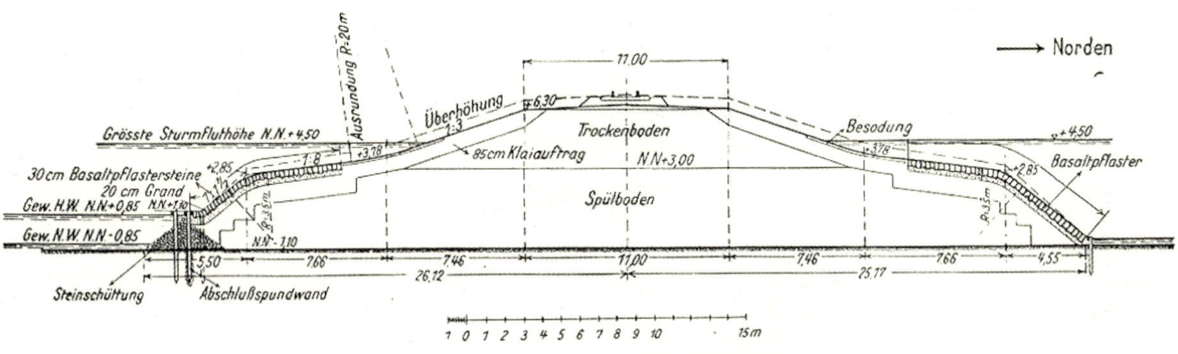

Der Hindenburgdamm im Querschnitt.

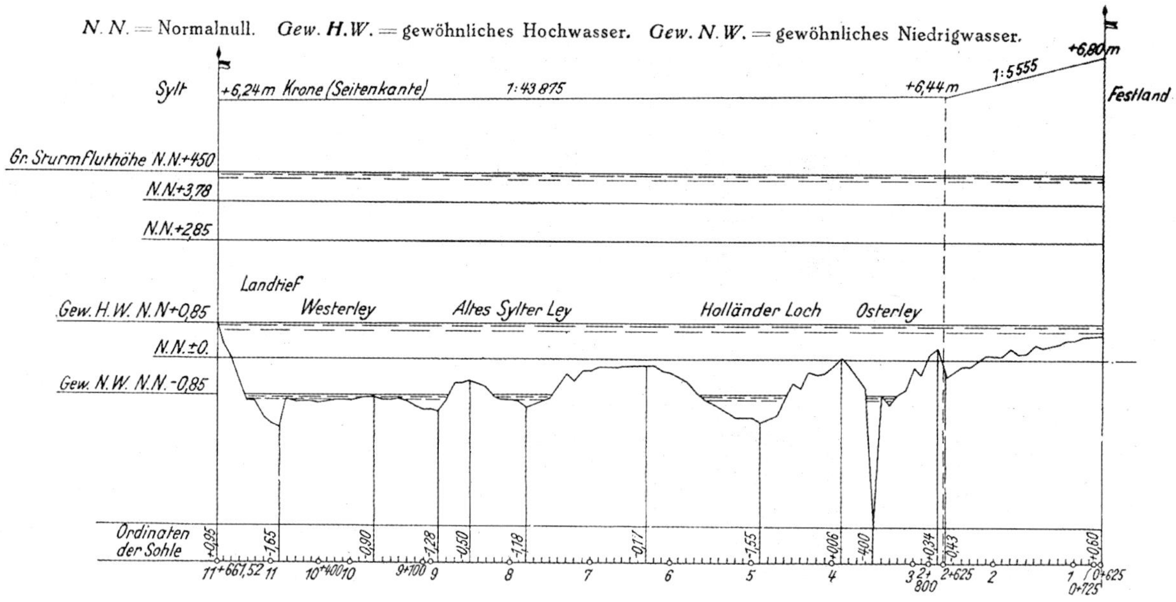

Das Watt zwischen Nösse und der Wiedingharde im Längsschnitt.

ausgedehnten Badestrand der Insel ein außerordentlicher, stets steigender sein, der vielleicht ebenso sehr als der Anwachs die materielle Wohlfahrt der Landschaft fördern könnte."

Davon vielleicht inspiriert setzte sich der Badearzt Dr. Michael Marcus im 1877 veröffentlichten Buch „Das Nordseebad-Westerland-Sylt" für den Bau eines Dammes ein. „Damit man endlich per Bahn an den großartigsten Strand der Welt reisen könne", brachte der Mediziner zu Papier und fuhr fort: „Zwar ist dieses ein kostspieliges, aber auch ein hochwichtiges Project Zins und Zinses bringend." Ihm gelang es, alle Einwohner von Westerland für eine von ihm verfasste Petition zu gewinnen, die er an die zuständige Direktion der Altona-Kieler-Eisenbahngesellschaft schickte. Die Antwort war jedoch negativ. Dr. Michael Marcus notierte resigniert. „Ich glaube aber Grund zu haben anzunehmen, dass die Direction sich schwerlich auf so etwas einlassen wird, da sie eine Petition zu Gunsten der Kurgäste aus Gründen, die uns allen nicht zutreffend erschienen, abgelehnt hat."

Ab etwa 1880 wurde es um den „neuen Weg" ruhiger. Um die letzte Jahrhundertwende war der Bau eines Dammes höchstens in der Provinzpresse hin und wieder ein Thema – allerdings ohne nachhaltige Wirkung. Ob es an einer zunehmenden Nüchternheit lag, mit der die Zeitgenossen das Projekt nur schwer fassbarer Ausmaße betrachteten? Oder am Aufblühen der kaiserlichen Marine? Oder stellten die traditionellen Geistesströmungen auf der Insel den Damm ins Abseits? Wie dem auch sei – über die bereits vorhandenen Gedanken legte sich vorerst der Schleier des Vergessens.

Es war 1908, als ein Stationsvorsteher namens Abraham den Stein erneut ins Rollen brachte. Diesmal mit langfristigem Erfolg! Die Augen des Bahnbeamten schweiften irgendwann während seiner täglichen Arbeit über eine Landkarte. Sofort fiel ihm die Umständlichkeit der gängigen Sylt-Route über Tondern und Hoyer auf. Wäre es nicht viel günstiger, die Marschbahn in Niebüll nach Nordwesten abknicken zu lassen und schließlich durch das Watt bis nach Westerland zu führen? Mit einem Westerländer Bürgerverein im Rücken machte Abraham seine Pläne bei den vorgesetzten Stellen und beim Verkehrsministerium in Berlin bekannt: Der Wunsch der Sylter nach einer „Nabelschnur" zwischen der Insel und dem Festland erhielt neue, feste Nahrung.

Nur wenige Jahre zuvor hätte eine solche Eingabe in der Reichshauptstadt kaum Beachtung gefunden, doch zu Beginn des 20. Jahrhunderts hatte sich das außenpolitische Klima soweit verschlechtert, dass selbst ein Krieg nicht mehr ausgeschlossen werden konnte. Vorkehrungen für einen „Ernstfall" existierten bereits: Der Ausbau Sylts zu einer „Festung" gehörte dazu. Ein Eisenbahndamm passte sehr gut in ein solches Konzept, garantierte er doch ein schnelles Verschieben der Truppen zwischen den festländischen Stützpunkten und Sylt. In der öffentlichen Debatte dominierte aber nach wie vor die zivile Nutzung des Millionenprojekts.

Letztendlich ist es ein Geheimnis der Historie, welche Faktoren den Stimmungsumschwung auslösten. Plötzlich betrachteten immer mehr Menschen und Behörden die Damm-Pläne mit Wohlwollen. 1910 befürwortete das Landratsamt Schleswig den Bau. Die Eisenbahndirektion Altona und das Wasserbauamt Husum begannen mit den amtlichen Planungen. Sogar der preußische Landtag beschäftigte sich mit dem Damm und bewilligte 1913 die erforderlichen Mittel.

1914 kamen die Vorarbeiten für einen „hochwasserfreien Damm" zum Abschluss: Eine neue etwa 40 Kilometer lange Reichsbahnstrecke sollte bei Niebüll die bestehende Marschbahnroute verlassen und in Westerland enden. Der spätere Hindenburgdamm, der zwischen der Wiedingharde und Nösse das Wattenmeer durchqueren sollte, war ein Abschnitt dieser Strecke. Die neue Bahntrasse mit den Bahnhöfen Niebüll, Emmelsbüll, Klanxbüll, Morsum, Keitum, Tinnum und Westerland war vermessen, die benötigten Grundstücke gekauft. Bereits für 1917 rechnete man mit der Fertigstellung des gigantischen Bauvorhabens. Der Tisch war also gedeckt. Doch der Ausbruch des Ersten Weltkrieges machte vorerst einen Strich durch die Rechnung.

Der Bau – ein kühner Damm „schlüpft" aus dem Wattenmeer

Nach dem Kriege sah man 1919 zunächst wieder einige Arbeiter, die damit beschäftigt waren, zwischen Westerland und Morsum sowie zwischen Klanxbüll und Niebüll Bahndämme aufzuschütten. Sollte nun endlich der „Startschuss" für das „Sylter Jahrhundert-Projekt" erfolgen? Mitnichten, es handelte sich nur um Restarbeiten, der Dammbau war plötzlich ungewisser denn je. Nach dem Ersten Weltkrieg herrschte in Deutschland eine dramatische Wirtschaftsmisere. In dieser Situation dachte zumindest in Berlin niemand an ein Vorhaben ganz im Norden der Republik.

Die kränkelnde Ökonomie ergriff auch die Nordseeinsel. Der Tourismus, der schon während der Kriegsjahre pausieren musste, kam nur schwer wieder in Gang. 200 Arbeitslose registrierte man auf Sylt. Abhilfe musste her. So ergriffen Westerlands Bürgermeister Lackner, Ratsmann Nielsen und Stadtbaumeister Johannsen die Initiative und reisten mehrfach nach Berlin. „Die Königin der Nordsee" braucht den Damm – da-

Material im Anmarsch: Entladung eines Kipplorenzuges.

Gruppenbild: Insgesamt 1500 Arbeiter waren am Bau beteiligt.

von wollten sie die zuständigen Ministerien überzeugen. Aber Pustekuchen! Das Projekt war ad acta gelegt.

Wegen der neuen Grenzsituation drängte sich der Bau des Eisenbahndammes nun aber noch mehr auf als vor dem Krieg. Die Fahrt durch den „dänischen Korridor" über Tondern und Hoyerschleuse war alles andere als ein Vergnügen. Mögliche Alternativen zerschlugen sich rasch: Für eine regelmäßige Schiffsverbindung von Dagebüll nach Hörnum oder Nösse hätten ausreichend tiefe Fahrrinnen ausgebaggert werden müssen. So ging am 9. Dezember 1920 wieder ein Gesuch der Sylter an das Berliner Reichsverkehrsministerium. Erneut wiesen die Insulaner auf die bestehenden Missstände hin und hofften auf den entscheidenden Rückenwind. Zunächst zögerte die Reichsregierung noch mit der Bereitstellung der Geldmittel, doch auf einmal prüften die zuständigen Stellen erneut die alten Unterlagen. Und tatsächlich: Schon bald flossen trotz der Wirtschaftskrise die ersten Gelder. Über eine solide finanzielle Basis in Form eines Dreijahresprogramms verfügte das Projekt aber erst nach Baubeginn, nämlich 1924. Zu einem Zeitpunkt, als ein entscheidender Widersacher gebannt war: die Inflation.

Über die Gründe des spontanen Berliner Meinungsumschwungs kann nur gerätselt werden. Als entscheidend wird generell ein Versprechen gewertet, das den Syltern 1920 im Zuge der Volksabstimmung gegeben wurde. Das Votum für Deutschland sollte mit dem Bau des Dammes belohnt werden. Sicherlich spielten aber auch andere Faktoren eine Rolle: die Abgeschiedenheit der Insel, eine Förderung des Fremdenverkehrs, die Gewinnung von Neuland oder der Bedarf von Arbeitsplätzen. Und wer weiß, vielleicht hatten die verantwortlichen Personen auch die militärischen Erwägungen weiterhin im Hinterkopf – obwohl der Wehrbereich durch den Versailler Vertrag stark beschnitten wurde.

Auf jeden Fall zeichnete sich nun die Realisierung einer Vision ab, die seit knapp 70 Jahren nicht viel mehr als ein Hirngespinst war. Auf der Strecke Niebüll-Klanxbüll rollten bereits 1922 die ersten Züge. Dieses Teilstück diente während der Bauphase dem Materialtransport. Währenddessen leistete das Preußische Wasserneubauamt in Husum unter Leitung von Regierungsbaurat Dr.-Ing. Pfeiffer wichtige Vorarbeiten für die Jahrhundert-Aufgabe „Dammbau Sylt". Ein erster Schritt: die Linienführung des „Neuen Wegs". Sie ergab sich aus der kürzesten Entfernung zwischen Sylt und dem Festland sowie aus der auf selber Höhe

---

Sylts bekannteste Dichterin

Margarete Boie und „Dammbau"

„Der Sylter Hahn", „Moiken Peter Ohm" und „Dammbau" – nicht zuletzt wegen der „Sylter Trilogie" gilt die gebürtige Berlinerin Margarete Boie bis heute als bekannteste Dichterin der Insel Sylt. Die prägendste Veröffentlichung war sicherlich die vom „Dammbau". Die Handlung des 1930 publizierten, historischen Romans rankt sich um die Phase des Dammbaus, die die Schriftstellerin mit viel Phantasie ausschmückt.

„Namen, Dialoge, Beziehungen, Zusammenhänge, manche Einzelheiten hat Margarete Boie aus ihrer Fantasie geschaffen", schreibt Manfred Wedemeyer, ehemalige Leiter der Sylter Volkshochschule „Klappholttal", in einer Dokumentation über Margarete Boie. „Die Grundtatsachen entsprechen den Geschehnissen. Selbst technische Fachfragen sind zuverlässig erforscht und wiedergegeben. Keineswegs besteht das Motiv des Romans darin, über das technische Entstehen des Bauwerks aufzuklären. Auch Einzelschicksale der Romanfiguren stehen nicht im Vordergrund. Vielmehr geht es um den Konflikt zwischen zwei Meinungen, die damals auf Sylt hervortraten, um den Gegensatz von Fortschritt und Tradi-

verlaufenden Flutscheide mit den geringsten Wassertiefen. Als nächstes legten Pfeiffer und seine Mitarbeiter den Damm-Querschnitt fest: 50 Meter im Fuß, elf Meter in der Krone – so die großzügigen Eckdaten, die Platz für zwei Gleise boten. Ein wohlkalkulierter Blick in die Zukunft, reichte doch bis zum Zweiten Weltkrieg eine Spur für den schwachen Verkehr.

Dann war es endlich soweit: Im Mai 1923 griffen die Arbeiter im Auftrag der „Deutschen Reichsbahn", die die Bauleitung übernahm, erstmals zum Werkzeug, um das „Band des Fortschritts" durch das Wattenmeer zu ziehen. Die Baufirma Philipp Holzmann aus Frankfurt hatte den Zuschlag erhalten und arbeitete mit Dr.-Ing. Pfeiffer vom Husumer Wasserneubauamt zusammen, das mit der Ausführung beauftragt wurde. Nur langsam schob sich die vom Festland kommende Karawane der Arbeiter in die Nordsee vor. Es war ein täglicher Kampf gegen die Natur. Der Damm musste unter dem ständigen Wechsel von Ebbe und Flut entstehen; vier Priele – Osterley, Holländer Loch, Sylter Ley und Westerley – mussten überbrückt werden.

Gleich hinter dem Deich schoss eine kleine „Damm-Kolonie" aus dem Boden: Werk- und Lager-

---

tion, vom Ansturm des Neuen gegen das überlieferte Friesentum".

Bringt der Damm Fortschritt oder bedeutet er den Untergang der friesischen Kultur? – so lautet also die Kernfrage des Romans: Die Morsumer Bauern als Verfechter der Tradition stoßen in der Erzählung auf die Bauarbeiter des „Neuen", mit dem Dammbauingenieur Heinrich Bremer an der Spitze. Zwischen den Stühlen sitzt Pastor Eschels, auf den beide Strömungen prallen. Ein Konflikt folgt dem nächsten. Letztendlich muss er die Insel verlassen, weil er dem Dammbau mehr Zeit schenkt als seiner Gemeinde, die dem technischen Fortschritt eher ablehnend gegenübersteht.

Margarete Boie

plätze sowie Unterkünfte für rund 1000 Arbeitskräfte. An die Sicherheit der Bauleute wurden damals allerdings keine allzu großen Ansprüche gestellt. „Die arbeiten bis zum Umfallen", hieß es im Volksmund, denn Unfälle waren leider keine Ausnahme. Auch mit hygienischen und medizinischen Einrichtungen wurde gespart.

Über der Baustelle stand zunächst ein schlechter Stern. Das „Nassbaggerverfahren", mit dem ein Sand-Klei-Gemisch zwischen zwei meterhohe als Dammfuß fungierende Buschzäune eingespült wurde, bereitete von Anfang an große Schwierigkeiten. Dann erforderte die Durchdämmung des zehn Meter tiefen Priels Osterley außergewöhnlich viel Schüttmaterial. Und das bei den eher mangelhaften Transportmöglichkeiten. Zu allem Überfluss regierte auch noch der Zeitdruck das Geschehen. Bis zu den ersten Winterstürmen sollte eine Absicherung erfolgt sein.

Die ungewöhnlich frühe Sturmflut vom 30. August 1923 machte dann aber einen Strich durch alle Rechnungen. Die Baustelle bot ein Bild der Zerstörung. Nicht weniger als 250 000 Kubikmeter des aufgespülten Bodens gingen wieder verloren; 1200 Meter Spülrohrleitungen und zwei über den Seeweg

---

Die Autorin Margarete Boie wurde 1880 in Berlin geboren. Im Januar 1919 ließ sie sich mit ihrer Freundin Helene Varges, einer Jugendstilkünstlerin, in Westerland nieder und erlebte die Bauphase des Hindenburgdamms hautnah. Die harten Winterstürme und die wochenlange Abgeschlossenheit auf Sylt zum Festland brachten viel Zeit, um sich mit der Landschaft, der Kultur und den Menschen der Insel intensiv zu beschäftigen. Den Roman „Dambau" vollendete Margarete Boie aber nicht mehr auf der Insel. Fernweh und ein Herzleiden beendeten im Januar 1928 den Aufenthalt auf Sylt. Die Schriftstellerin starb 1946 in Lüneburg.

Ihr „Dammbau-Werk" ist aber der Nachwelt erhalten geblieben und besticht durch seine Authentizität. Der damalige Pastor Johler in Morsum betreute tatsächlich auch die Barackenbewohner in Nösse und erntete dafür die Eifersucht der Einheimischen. „Schon 1913 war der Dammbau im Gespräch, und da wollte mein Vater nach Sylt, weil ihn das so fasziniert hatte", berichtet seine Tochter Karin Lauritzen. „Dann kam aber der Krieg, und die ersten Anfänge des Dammbaus hatten die Sturmfluten ja nicht überstanden."

FRANK DEPPE

Das vorläufige „Aus“: Eine Sturmflut im August 1923 stoppte die Bauarbeiten.

herbeigeschaffte Schwimmbagger wurden ein Opfer des Orkans. Ein wahrlich bitterer Augenblick für den Dammbauer Dr.-Ing. Pfeiffer, der später in einer kleinen Schrift nüchtern notierte: „Eine am 30. August 1923 einsetzende, für die Jahreszeit ungewöhnlich heftige Sturmflut, bei der Wasser drei Meter über gewöhnlich Hochwasser auflief, richtete so erhebliche Zerstörungen an, dass die Arbeiten für das Jahr 1923 eingestellt werden mussten. Die Erfolge des ersten Baujahres waren daher gering.“

Die Pause bis zum nächsten Frühjahr nutzten die Verantwortlichen, allen voran Dr.-Ing. Pfeiffer, um aus dem Desaster die nötigen Lehren zu ziehen. Als erstes korrigierte man den Trassenverlauf des zukünftigen Eisenbahndammes um eine kleine Ausbuchtung gen Norden, dann entschied man sich für ein anderes Bauverfahren. Jetzt schütteten die Arbeiter Kleiboden und trockenen Sand zwischen Spundbohlen. Zwei Pfahlreihen stützten die entstehende Spundwand ab, die Stück für Stück mit Granitgestein gefüllt wurde. Man baggerte jetzt also nicht mehr im Watt, sondern man brachte das Bodenmaterial mittels Kippwagen aus dem Binnenland heran. Ein stetig wachsendes Feldbahngleis erleichterte den Transport. Das Wattenmeer wurde Meter um Meter erobert.

Sylt tangierte das gigantische Bauvorhaben erst Anfang 1925. Dort übernahm das Duisburger Unter-

Halbinsel Nösse: Schaltzentrale der Bauarbeiten auf Sylt.

nehmen Peter Fix & Söhne die Regie. Von Husum aus brachten 30 Segelschiffe, drei Schlepper und 20 Schuten die Baustoffe nach Nösse. Der Tonboden des Morsumkliffs entpuppte sich als geeignet für die Dammbedeckung. Möglichst bald wollten sich beide Bautrupps im Wattenmeer treffen. Je schneller, desto einfacher würde die Schließung des Damms werden. Der Plan ging auf: Während im Frühjahr 1925 noch eine Lücke von acht Kilometern zwischen beiden Baustellen klaffte, schritten die Arbeiten dann rasch voran. 53 Meter lautete das durchschnittliche Tagespensum.

Einen ersten Erfolg vermeldeten die Damm-Chronisten für den 15. September 1925 – den Lückenschluss. Damit war Sylt erstmals durch eine „Nabelschnur“ mit dem Festland verbunden. Bereits vier Ta-

Zeugnis eines vergeblichen Anlaufs: Eigentlich wollte man schon 1920 – wie auf der Lore eingraviert – mit den Bauarbeiten beginnen.

ge später fuhr eine erste Feldbahn, beladen mit der Post, über das neue Bauwerk. Die ersten Neugierigen erlebten das Dammgefühl hautnah – auch im Winter: Die legendären Eisbootfahrten gehörten der Vergangenheit an. „Für uns alle, die wir an dem Bau mitgewirkt haben", erinnerte sich der Arbeiter Hans Hecht 25 Jahre später, „war es ein erhebendes Gefühl, als der erste Zug vom Festland zur Insel fuhr."

Die Spundwand stand, der Rest war nur noch Routine. Ab 1926 wurden sechs schwimmende Eimerbagger mit hoher Leistung eingesetzt. Im Juli hatte der Damm eine Höhe von zwei Metern über Mittelhochwasser erreicht. Im Herbst sicherten bereits Granit- und Basaltblöcke die Dammböschungen. Auf die oberen Teile des Damms wurde trockener Erdboden geschüttet. Am 10. und 12. Oktober musste der „neue Weg" aber noch eine Kraftprobe überstehen: eine schwere Sturmflut. Nachdem sich das Unwetter verzogen hatte, entdeckten die Bautrupps nur an der Dammspitze Schäden. Prompt zog man im Winter 1926/27 die Pflasterung bis zur Krone hoch.

Die Verlegung des Bahngleises und der Testbetrieb prägten die ersten Monate des großen Eröffnungsjahres. Auch einige Hochbauten auf Sylt erhielten ihren letzten Schliff. Vor allem in Westerland herrschte Hochbetrieb. Ein Empfangsgebäude, ein Nebengebäude für die Post, mehrere Güter- und Lokschuppen, ein Wasserturm, ein Stellwerk, eine Drehscheibe, zwei Beamtenhäuser, eine Bahnmeisterei, drei Siedlungshäuser im Süderende und schließlich ein neuer Bahnsteig für die Sylter Inselbahn mit zwei Gleisen – alles entstand im Rekordtempo. Die Bautätigkeit in den anderen Bahnhöfen hielt sich da in Grenzen. Morsum und Keitum wurden jeweils mit einem Empfangsgebäude, Laderampe und einem Beamtenwohnhaus ausgestattet. Der Haltepunkt Tinnum bekam eine Wartehalle. Zusätzlich wurde ein Gebäude auf der Halbinsel Nösse errichtet – zwei Wohnungen für die Dammwärter.

Der komplette neue Schienenstrang hatte nur ein Gleis, was sich langfristig als nicht ausreichend erwies. Aber wer hätte schon damals ein Doppelgleis für 7000 Einwohner und 30.000 Badegäste vertreten können? Dennoch war die insgesamt 39,2 Kilometer lange neue Reichsbahnstrecke Niebüll-Westerland ein technisches Meisterwerk der „Goldenen Zwanziger", wie einige Zahlen verdeutlichen: Insgesamt 1500 Menschen waren am Bau beteiligt, der 120000 Granitsteine, 300000 Tonnen Basalt, über drei Millionen Kubikmeter Erdboden und 25 Millionen Reichsmark verschlang. Allein für den damals noch 11,2 Kilometer langen Hindenburgdamm – seine Länge schmolz durch Landgewinnungen bis heute auf 8,1 Kilometer – wurden 25 Millionen Reichsmark benötigt. Ein Meter kostete also rund 1700 Reichsmark. Den Ansprüchen heutiger Technologie entspricht der Damm aber nicht mehr. Die Dammbreite hätte 150 statt der 50,23 Meter und die Kronenbreite 15 statt der 11 Meter betragen müssen. So ist das Bauwerk auch heute noch den Angriffen von Wind und Gezeiten ausgesetzt. Die Folge: ständige Reparatur- und Ausbesserungsarbeiten.

Die Passion des Boy Thiessen:

Foto-Raritäten vom Dammbau

Seefahrertruhen im Hausflur, alte Fliesen an den Wänden, ein Archsumer Ortsschild aus dem 19. Jahrhundert, eine Kanonenkugel aus dem Dreißigjährigen Krieg – das ehrwürdige, 1741 erbaute Morsumer Friesenhaus von Boy Thiessen mutet wie ein kleines Museum an. Viele schöne Stücke hat der 81-Jährige im Laufe der Zeit zusammengetragen, doch sein besonderer Stolz ist ein Fotoalbum. Der Inhalt: An die 150 Fotografien, darunter zahlreiche Unikate, die den Bau des Hindenburgdamms von den Anfängen bis zu seiner Vollendung nahezu komplett dokumentieren.

Die Sammelleidenschaft erwachte in Boy Thiessen 1970: Angeregt durch einen guten Bekannten, den Sohn des Zeitungsverlegers Axel Springer, gelangte er zu den ersten Dammfotos: „Sven Simon, unter diesem Künstlernamen wurde er bekannt, hatte auf Hamburger Flohmärkten allerhand Fotos vom Dammbau erstanden und schenkte mir einige.“ Nun wurde Thiessen selbst aktiv: Im Dorf klapperte er die Häuser alter Morsumer ab, die den Damm mit errichtet hatten, und wurde bald fündig. Nach und nach kamen so etwa 150 Fotografien zusammen. Ob Gleisbauarbeiten oder ein Gruppenbild mit den Bauräten, die Lorenbahn oder die Baracken der Arbeiter – alles wurde in Bildern festgehalten. Unter den Aufnahmen finden sich auch einige echte Raritäten. So zum Beispiel der Schluss der letzten Baulücke oder der Rohbau des Westerländer Bahnhofs. Besonders ange-

Baugeschichte in Bildern: Boy Thiessen trug im Laufe der Jahrzehnte 150 Fotografien vom Dammbau zusammen.

Der Rohbau des Westerländer Bahnhofs steht.

tan hat es Boy Thiessen ein seltenes Luftbild jener Zeit, das den Hindenburgdamm unmittelbar vor der Verlegung der Gleise zeigt. Anlass zum Staunen geben dem Betrachter auch andere Aufnahmen. So hatte man 1927 vom Westerländer Stellwerk noch einen freien Blick über Wiesen und Felder bis hin zum Westerländer Rathaus – der inzwischen längst durch zahllose Häuser verbaut ist.

Nicht nur das Bildmaterial, sondern auch die Geschichte des Hindenburgdamms haben Boy Thiessen seit drei Jahrzehnten in den Bann gezogen: „Ich habe viele Bücher und Berichte über den Damm gelesen. Die interessanteste Feststellung für mich: Nach dem Zweiten Weltkrieg hatte man das Morsumer Wäldchen ausgemessen. Die Bahn plante damals tatsächlich, die Autoverladung hier statt in Westerland anzusiedeln.“

FRANK DEPPE

Am neuen Westerländer Bahnhof: Reichspräsident Paul von Hindenburg ließ sich die Eröffnung des „Jahrhundert-Bauwerks“ nicht entgehen.

Die Eröffnung

Regen am Morgen und Abend, dazwischen zumeist bedeckter Himmel – am 1. Juni 1927 war endlich der große Tag gekommen. Sylt und Nordfriesland feierten die Einweihung des „Neuen Wegs“, zweifelsohne ein Jahrhundertbauwerk. Kein Wunder, dass selbst Reichspräsident Paul von Hindenburg sein Erscheinen ankündigte. Um 9.54 Uhr verließ sein Zug Niebüll und traf um 10.09 Uhr in Klanxbüll ein.

Dort begann die offizielle Zeremonie. Dr. Julius Dorpmüller, Generaldirektor der „Deutschen Reichsbahngesellschaft“, ergriff das Wort und verkündete euphorisch die Fertigstellung des Bauwerks. Zugleich machte er einen folgenschweren Vorschlag. Der Reichspräsident, als „Vorbild für die Einigkeit der deutschen Stämme und als Schutzdamm gegen fremde Anmaßungen und innere Wirren“, solle die Patenschaft für den Damm übernehmen. Paul von Hindenburg sagte zu und sprach: „Mit dem Dank an alle, die mit Kopf und Hand an der Schaffung dieses großen Seedamms mitgearbeitet haben, und mit dem Wunsch, dass der neue Weg nach Sylt ein festes und ewiges Band zwischen der Insel und dem Festland sein möge, erkläre ich die Eisenbahnstrecke nach Sylt für eröffnet.“ Dann setzte sich das Schienenfahrzeug, beladen mit den zahlreichen Ehrengästen, wieder in Bewegung. Es war kurz vor elf, als erstmals ein offizieller Zug über den Damm fuhr.

Das Empfangsgebäude in Westerland war festlich geschmückt, die Kurkapelle spielte den „Hohenfriedberger Marsch“, und drei Flugzeuge „mit dröhnendem Motor“ überflogen den Bahnhof. Dort empfing um 11.10 Uhr eine 1000-köpfige Menschenmenge begeistert den eintreffenden Sonderzug. Sogleich begrüßte Reichsbahndirektions-Präsident Dr. Schneider die Prominenz. Allen voran Reichspräsident Paul von Hindenburg und Reichsverkehrsminister Dr. W. Koch, der nach seiner Ankunft in Westerland stolz verkündete: „Sylt hat aufgehört eine Insel zu sein“.

Ganz Westerland war auf den Beinen, als sich ein historischer Festzug durch die Straßen der Stadt bewegte. Fritz Lehmann hatte ihn inszeniert. 36 Gruppen zogen an den Schaulustigen vorbei und präsentierten einen Streifzug durch die Welt der Sagen und durch die Geschichte – von den Römern bis zum… Damm. Der Aufmarsch dauerte nur 20 Minuten, hinterließ aber einen bleibenden Eindruck. Zumindest widmete die Presse dem Umzug viele Bilder und ein Lob: „Sicherlich dürfte ein Festzug von gleicher Einheitlichkeit der Linie und doch zugleich wechselvoller Gestaltung der Bilder, von einer so lückenlosen Gestaltung einer jahrhundertealten Geschichte, nicht schon einmal irgendwo geboten worden sein.“

Zur Mittagszeit hatte die Reichsbahnverwaltung die Festgesellschaft ins Kurhaus eingeladen. Dort fiel zum ersten Mal der heutige Name des Bauwerkes. Dr. Julius Dorpmüller wiederholte seine Rede aus Klanxbüll, ergänzte sie dann aber: „Darum wollen wir den neuen Damm auf seinen Namen taufen. Er heiße Hindenburgdamm.“ Ein vierstündiger Aufenthalt Paul von Hindenburgs in Westerland genügte, um einen Begriff zu prägen. Die Verdienste anderer Männer verblassten hingegen. Hansendamm, Ste-

Premiere: Ein feierlich beflaggter Arbeiterzug rollt über die Sylter Gleise.

phansdamm, Meyndamm, Marcusdamm, Abrahamdamm oder Pfeifferdamm – das alles wären sicherlich auch passende Bezeichnungen gewesen. Dem „Dammpaten" brachte die Auszeichnung auf Sylt allerdings kein Glück. 1932, als Paul von Hindenburg erneut für das Amt des Reichspräsidenten kandidierte, bekam nicht er, sondern Adolf Hitler auf der Nordseeinsel die meisten Stimmen.

Während der Eröffnungsfeierlichkeiten war zwar immer wieder von einem „Meisterwerk der deutschen Ingenieurskunst" die Rede, die wichtigsten am Bau beteiligten Personen mussten aber lange auf wohlwollende Worte warten. Erst während des abendlichen Festbanketts nutzte der Niebüller Landrat Skalweit die Gelegenheit: „Ich möchte hier ganz offen aussprechen, dass in Regierungs- und Baurat Pfeiffer, den die Bevölkerung dreieinhalb Jahre lang täglich an seinem Werke gesehen hat, diese Bevölkerung auch den eigentlichen Schöpfer des Dammes erblickte... Wenn es nach mir ginge, würde ich Dr. Pfeiffer den Ehrentitel eines Meisters des Dammbaus verleihen! Er und seine treuen Mitarbeiter Regierungsbaumeister Dr. Weinhold und Regierungsbaumeister Mügge sind dem Herzen unserer Bevölkerung auch durch ihre liebenswürdigen menschlichen Eigenschaften nahegetreten."

FRÜHSTÜCK

IM

KURHAUS ZU WESTERLAND

ANLÄSSLICH DER

ERÖFFNUNG DER REICHSBAHNSTRECKE

KLANXBÜLL-WESTERLAND

AM

MITTWOCH, DEN 1. JUNI 1927

HERR Ratmann Nielsen

SPEISENFOLGE

SCHILDKRÖTENSUPPE
SHERRY

SALM-MAYONNAISE
1917ER ALDEGUNDER MANNWERK
WACHSTUM PET. JOS. DRAHTEN
1924ER NIERSTEINER ROSSBERG
RIESLING
GEORG SCHMITT'SCHES WEINGUT

HOLSTEINER MASTHUHN
SALAT
NEUE SCHWENKKARTOFFELN
1919ER CHAT. FONCLA CASTRES
LABRÈDE BORDEAUX

VIERLÄNDER ERDBEEREN
MIT SAHNE
HENKELL TROCKEN

—

MOKKA · LIKÖRE

CHR. ADOLFF, ALTONA-OTTENSEN

Zur Eröffnung: Vier-Gänge-Menü vom Feinsten.

27. Jahrgang — Dammbau-Ausgabe, 1. Juni 1927 — Nummer 126
Preis 50 Pfennig

Sylter Zeitung

Bezugspreis mit sämtl. Beilagen für den Monat 1.90 R.-M. frei Haus. Die Sylter Zeitung erscheint täglich mit Ausnahme der Sonn- und Feiertage. Die Ausgabe erfolgt am Nachmittag. Tel. Nr. 948. Drahtanschrift: Zeitung.

Amtl. Anzeigenorgan für die Stadt Westerland, den Amtsbezirk Sylt und weitere Behörden. Einzige täglich erscheinende Zeitung auf den Nordfriesischen Inseln. Vereinigt mit „Sylter Intelligenz-Blatt" seit 1923.

Anzeigen werden die 6spalt. Kleinzeile mit 20 R.-Pf. berechnet, Reklamen das 4fache. Anzeigen-Annahme bis 9 Uhr vorm. Zahlbar bei Bestellung oder sofort nach Rechnungserhalt. Bei Wiederholung Ermäßigung nach dem Tarif.

Nachrichten- und Anzeigenblatt für die Insel Sylt

Der deutsche Damm

von Ernst Beißert, Westerland.

Wohl haben sie einst zusammengehört,
Sylt und sein Mutterland,
Und haben gelacht ob des blanken Hans,
der lauernden Sprunges stand
Vor Heim und Herd mit lüsternem Blick;
sie gaben, sorglos, kaum acht; —
Und er sprang heran und riß sie entzwei,
war stärker, als sie gedacht; —
Und er schluckte gierig Stück um Stück;
Jahrtausende zogen vorbei. —
Da quoll aus nachtdunkler Not empor
ein starker, ein zwingender Schrei:
„Trutz, blanke Hans!" —

Horch, wie versunkene Heimat klagt!
Wie sie aufringt nach Leben und Licht!
Wie zum Kampfe sie fordert: „Frisch auf und gewagt"
Hörst du den Heimatruf nicht?:
„Trutz, blanke Hans!" —

Da strafft sich der Friesen hartes Geschlecht
zum Kampf mit dem Unhold im Grund;
Jahrtausende dauert das Ringen schon an;
Und wer kennt die letzte Stund? —
Den letzten Schrei? —
Ach, einerlei!
Die Heimat ruft!
„Trutz, blanke Hans!" —

Und wir holten zurück
Ganz mühsam nur — Stück um Stück —
In rastlosem Ringen — Tag für Tag —
Versunkene Heimat, —
Und fragten den Meergott nicht, ob er es mag;
Und sicherten Boden — Schritt für Schritt —
Durch Buhnen und Deich und Dünenhalm —
Und fragten nicht, ob er es litt; —
Und streckten den Arm nach dem Mutterland aus
und fanden die helfende Hand, —
Und als Wunderwerk wuchs aus dem Wattenmeer
der Damm, das vereinende Band,
Der neue Weg, der deutsche Weg!
Das Wahrzeichen deutscher Art:
„Trutz, blanke Hans!" —

Nun sind wir wieder vereint, wir zwei,
das Mutterland und Sylt;
Nun heben wir wieder Freud und Leid
gemeinsam auf den Schild;
Was Hoffnung an deutschem Mut noch barg,
Das strömt heut durch unser Blut:
Mein Deutschland, sei einig nur und stark,
Dann bist du ein „Damm" in der Flut!
Dann bringst du zu Ehren den Friesenspruch,
dies Wort aus Rungholts Geist,
Das wie ein Leitstern für deutsche Kraft
in deutsche Zukunft weist:
„Trutz, blanke Hans!" —

Die „Sylter Zeitung" feierte das Bauwerk.

Karin Johler widerfuhr eine besondere Ehre:

Das Patenkind des Reichspräsidenten

26. April 1925. Kein Tag wie jeder andere, sondern ein Datum von nationaler Bedeutung: Der Reichstag wählt den greisen Kriegsveteranen Paul von Hindenburg zum Reichspräsidenten. 26. April 1925. Ein gewichtiger Tag auch für den Morsumer Pastor Hans Johler: Er tauft sein Töchterchen Karin. Später sitzt man im Hause Johler noch lange fröhlich beisammen, und irgendwann im Laufe des Abends erhebt sich der Gastgeber, klopft an sein Glas und sagt einen folgenreichen Trinkspruch: „Für den Reichspräsidenten wie für meine Familie ist heute ein bedeutsamer Tag. Eine Patenschaft zwischen seiner Exzellenz und meiner kleinen Karin würde diesen Tag wohl krönen."

Doch wie es mit solchen Schnapsideen so geht: Am nächsten Tag ist das Gesagte Schall und Rauch. Und wäre wohl auch für immer in der Versenkung verschwunden, wenn nicht zwei Jahre später der Hindenburgdamm eingeweiht worden wäre. Als Pastor Johler erfährt, dass der Reichspräsident zur Einweihung höchstpersönlich anreisen wird, setzt er einen Brief auf, berichtet von seinem Herzenswunsch anlässlich der Tauffeier und schreibt: „Nun, wo Ehrenwerte Excellenz bei Einweihung des Dammbaus auf dem Bahnhof Morsum begrüßt werden, würde es eine unvergeßlich große Freude sein, wenn mein Töchterchen Ehrenwerter Excellenz als Paten dürfte einige Blumen überreichen. Euer gehorsamster Pastor Johler." Tatsächlich antwortet das Büro des Reichspräsidenten bereits wenig später: „Der Herr Reichspräsident ist gern bereit, die Patenschaft über Ihr Töchterchen zu übernehmen", verbunden mit dem diskreten Wink, dass „bei der großen Zahl der von dem Herrn Reichspräsidenten übernommenen Patenschaften irgendwelche Verpflichtungen des Herrn Reichspräsidenten für später hieraus selbstverständlich nicht

Patenschaft: Auf den Armen ihrer Mutter überreicht die zweijährige Karin Johler dem Reichspräsidenten einen Blumenstrauß.

Kostbare Erinnerung: Karin Lauritzen, geborene Johler, mit dem historischen Foto.

hergeleitet werden können". Wenig später folgt ein ebenfalls unmissverständliches Schreiben des Landrats: „Ich bin beauftragt, Ihnen mitzuteilen, daß während des kurzen Aufenthalts in Morsum erst der Gemeindevorsteher, dann die Dammbauarbeiter zur Begrüßung kommen. Der Blumenstrauß darf von dem kleinen Mädchen erst im Moment der Weiterfahrt überreicht werden. Eine Begrüßung durch Sie, Pastor Johler, kommt unter keinen Umständen in Frage."

Am 1. Juni 1927 ist es soweit: Über die neue Nabelschnur zwischen dem Festland und Sylt rumpelt eine mit Girlanden geschmückte Dampflok samt einiger Waggons im Schlepptau über den Damm. Als der Zug gegen halb elf in Morsum seinen ersten Halt auf Sylt einlegt, bereiten ihm die Bürger einen großen Bahnhof. Männer schwenken ihre Hüte, Frauen winken, Mädchen in schmucker Tracht stehen Spalier. Der Reichspräsident beugt sich aus einem Fenster des Salonwagens und nimmt huldvoll den Sommerstrauß entgegen, den ihm die kleine Karin auf den Armen ihrer Mutter entgegenhält. Ein dankbares Motiv für die anwesenden Zeitungsfotografen – das Bild geht um die Welt. „Ein paar Wochen später verreiste ich mit meiner Mutter nach Hamburg. Wir bummelten durch die Innenstadt. Wie groß war meine Überraschung, als ich plötzlich in dem Schaufenster eines Geschäfts mein Konterfei entdeckte." Von ihrem berühmten Patenonkel hat Karin Johler nie wieder etwas gehört.

FRANK DEPPE

Zwischenstopp in Morsum: Ein Händedruck vom Reichspräsidenten für den Gemeindevorsteher.

Ankunft in Westerland: Paul von Hindenburg entsteigt dem ersten offiziellen Zug über den Damm.

Der Festumzug: Geschichte im Zeitraffer.

Im Festschmuck: Der neue Reichsbahnhof in Westerland.

Die Dammbauarbeiter: Erst im hinteren Teil des Umzugs.

Ein Damm verändert Sylt

Der „neue Weg“ löste auf Sylt eine „kleine Verkehrsrevolution“ aus. Die Fährschiffe der Sylter Dampfschiffahrtgesellschaft stellten am 1. Juni 1927 den Betrieb ein. Auch die „Fähre auf dem Land“, die Sylter Ostbahn, war überflüssig geworden. Im Laufe des Jahres 1928 wurde der Schienenstrang abgebrochen. Der Bau des Jahrhundertwerks krempelte die Beziehungen der Nordseeinsel zur Außenwelt völlig um, wie auch Dr. Pfeiffer in einem Aufsatz skizzierte: „Die Wirkungen des nunmehr vollendeten Dammes sind im Zusammenhang mit den auf der Insel und dem Festlande gebauten Anschlußlinien für den Verkehr nach der Insel und vor allem nach den Badeorten auf der Insel gewaltig. Um 3,5 Stunden wird die Reise nach Westerland kürzer. Ein Zeitgewinn, der umso einschneidender wirkt, je näher der Insel die Abgangsstationen liegen. Westerland wird mit Schnellzug von Hamburg in knapp

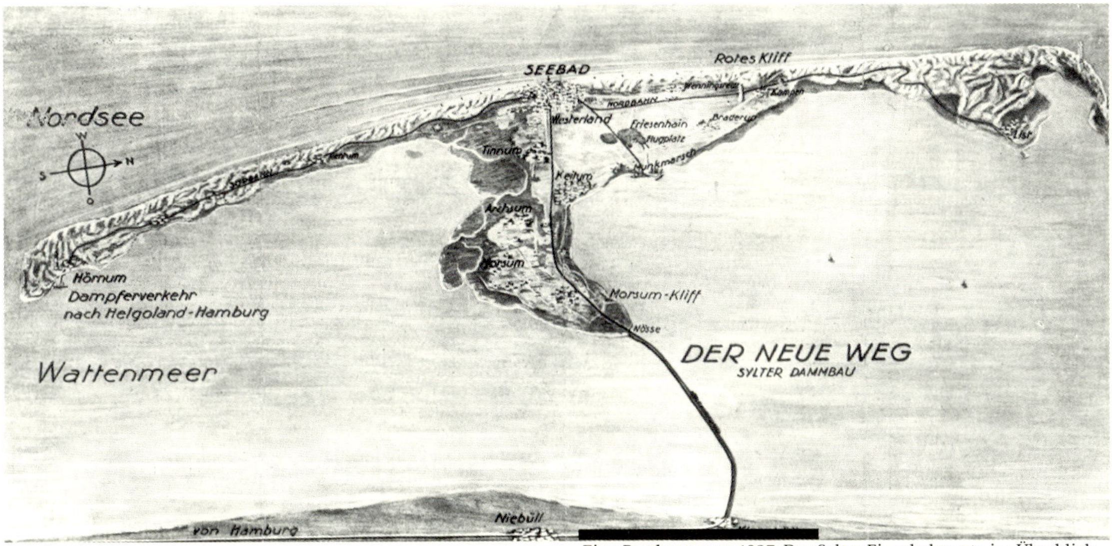

Eine Postkarte von 1927: Das Sylter Eisenbahnnetz im Überblick.

fünf Stunden, von Berlin in etwa neun Stunden erreicht. Die Flensburger gebrauchten zur Fahrt statt früher 7 - 8 nur 3 - 4 Stunden. Die Unbequemlichkeiten des zweimaligen Umsteigens von Schiff auf Eisenbahn, Zoll- und Passfragen sind mit einem Schlage verschwunden. Es eröffnet sich von Orten wie Hamburg, Altona, Berlin, Hannover, Bremen die Aussicht, das Wochenende am Sylter Strand zu verleben. Die Inselbevölkerung wird an das große Verkehrsnetz und die größere Heimat enger angeschlossen und kann nunmehr statt früher in drei Tagen heute Reisen von und nach den Städten der Provinz Schleswig-Holsteins meistens sogar in einem Tag erledigen."

Das neue „Sylt-Fieber" – allein für 1927 zählte man 40 000 Tagesreisende – wurde auch durch den sinkenden Fahrpreis gefördert. Zwar musste für die Benutzung des Hindenburgdammes der so genannte „Dammzuschlag" als Ausgleich der Bau- und Unterhaltungskosten bezahlt werden, doch insgesamt verbilligte sich der Trip nach Sylt. Eine Fahrkarte der dritten Klasse von Hamburg nach Westerland koste-

---

Max Hansen

Der Damm als Arbeitsplatz

Der Zug hält im Niebüller Bahnhof. Unter den Passagieren: Reichspräsident Paul von Hindenburg. Würdevoll steigt der gewichtige Mann aus, winkt der Menge auf dem Bahnsteig zu. Auch Max Hansen. Er ist genauso begeistert wie die anderen Schaulustigen, dass so ein so berühmter Mann nach Nordfriesland reist. Anlass des Kurzbesuches 1927: Die Einweihung des – nach dem damals mächtigsten Mann im Deutschen Reich benannten – Dammes zwischen dem Festland und der Insel Sylt.

Dass dieses Bauwerk ihn einmal über Jahre beschäftigen sollte, daran hatte der damals 17-jährige Max Hansen im Traum nicht gedacht: „Die Einweihung war einfach ein Erlebnis, ein Großereignis", sagt der heute 92-Jährige. „Ich ging zum Bahnhof, weil alle hingingen, um den Reichspräsidenten zu sehen."

Doch während die meisten Zuschauer den Hindenburgdamm nur ab und an befahren sollten, wenn sie zum Baden

te nun 16 statt 22,50 Reichsmark. Der Grund: Die neue Route war kürzer als die alte Verbindung über Tondern und Hoyerschleuse. Dennoch kritisierte die Öffentlichkeit den Aufpreis auf Sylt scharf, da man die Strecke hinsichtlich ihrer Kilometerzahl für überteuert hielt. Die Proteste fanden Gehör: Zunächst zahlten die Insulaner bei Behördengängen auf dem Festland kein „Extra" mehr. Dann wurde der „Dammzuschlag" zum 1. Mai 1938 generell um 20 Prozent gesenkt und entfiel 1940 völlig.

Schon im ersten Sommer rollten jede Woche 72 Züge über den Hindenburgdamm, darunter zwei regelmäßige Schnellzüge, die den Komfort einer Direktverbindung mit dem Hamburger Hauptbahnhof und sogar dem Lehrter Bahnhof in Berlin boten. Der Betrieb der Reichsbahn sicherte aber nicht nur die Verbindung mit dem Festland, sondern verbesserte auch die Verkehrslage von Keitum, Morsum und Tinnum zur Inselmetropole Westerland. Ein oder zwei Züge am Tag, die ausschließlich den insularen Bedarf bedienten, erinnerten aber ein klein wenig an „Lummerland"! Westerland war der unangefochte-

---

oder Flanieren nach Sylt wollten, wurde er für Max Hansen zum Arbeitsplatz. Der von der Hallig Langeneß stammende Bau-Ingenieur war als Bahnmeister rund 20 Jahre für die Unterhaltung des Damms zuständig. „Meine Berufswahl hatte nicht unbedingt mit dem Auftritt Hindenburgs zu tun – beeindruckend war er aber auf jeden Fall", sinniert der Pensionär. „Ich wollte gerne in Nordfriesland bleiben, und da war der Hindenburgdamm für mich als Technik-Fan eine faszinierende Arbeitsstelle."

Wie oft er zunächst in den 1950er Jahren mit der Draisine (anderthalb Stunden Fahrtzeit für die damals eingleisige Strecke von 13 Kilometern Länge), später mit dem Auto die Strecke zwischen Morsum und Klanxbüll abgefahren hat, weiß der Pensionär nicht mehr, „aber oft, sehr oft". Auch viele Nächte hat er auf dem Damm zugebracht. „Denn tagsüber fahren Züge, da konnten wir kaum Schäden an Schienen und am Gleisbett beheben."

Höhepunkte von Hansens Dienstzeit bis 1974 waren der zweigleisige Ausbau, die Umstellung von Dampfloks auf Züge mit Dieselantrieb, die Verlegung von Strom-Versorgungsleitungen, die technische Sicherung von Bahnübergängen und die Einrichtung der Autoverladung 1968. Doch auch

Mit Dampf über den „neuen Weg“.

ne Knotenpunkt des Sylter Eisenbahnverkehrs. Mit rund 260 000 ausgegebenen Fahrkarten stand Westerland 1938 immerhin auf Platz 16 in der Rangliste der schleswig-holsteinischen Bahnhöfe.

Das Leben auf Sylt wandelte sich nach 1927 stark. Die Abgeschiedenheit gehörte der Vergangenheit an. Das merkten vor allem die Landwirte. Ihre Produkte hatten auf der Insel ihre Monopolstellung verloren. Als „Entschädigung" verbilligten sich zumindest die Bedarfsstoffe. In keinem Wirtschaftszweig hinterließ der Dammbau aber so nachhaltig seine Spuren wie im Fremdenverkehr, der bis 1927 in einer tiefen Krise steckte. Als Folge des Ersten Weltkriegs war das einstige Weltbad Westerland ins Abseits geraten und hatte seine ausländischen Gäste eingebüßt. Doch der Hindenburgdamm belebte die Szenerie – so sehr, dass das Nordseebad selbst in der Weltwirtschaftskrise bessere Übernachtungszahlen registrierte als in den „Goldenen Zwanzigern". Schließlich wurde 1937 mit 30 865 saisonalen Kurgästen ein neuer Rekord aufgestellt, obwohl nur wenige „Kraft-durch-Freude-Reisen" den Weg nach Sylt fanden.

Die neue „Tourismus-Blüte" berührte auch die anderen Inselorte. An erster Stelle das Seebad Wenningstedt, das sich 1927 von Westerland löste und ein eigenständiges Bad wurde. Dahinter etablierte sich Kam-

---

weniger spektakuläre Veränderungen hat Hansen erlebt: „In den ersten Jahren meiner Tätigkeit haben wir den Damm von Schafen beweiden lassen. Sie hielten die Grasnarbe kurz wie bei einem Deich." Aufwendig war die Versorgung der Tiere: „Mit Arbeitszügen brachten wir täglich frisches Wasser auf den Damm. Das wurde in Tröge umgefüllt." Als dies aber als zu kompliziert erachtet wurde und die Schafe auf Weiden auf dem Festland umquartiert wurden, mussten Bahnarbeiter selbst mit Sensen das Gras kürzen. Maschinen, die in dieser Schräglage arbeiten können, gibt es erst seit 20 Jahren.

Verbunden fühlt sich Hansen aber auch zu Hause mit dem Damm: Er hatte bei einer Umgestaltung des Westerländer Bahnhofs einige Möbelstücke aus der Gaststätte in seine Dienstwohnung mitgenommen. Unter anderem den Sessel, in dem Hindenburg bei der offiziellen Einweihungsfeier saß. „Eine sehr bequeme Sitzgelegenheit, auf der ich immer gerne Platz nahm." GWENDOLIN VAHLE

Die Reichsbahn fuhr bei Ebbe...

pen als dritte Kraft unter den Sylter Urlaubsorten. Künstler wie Carl Zuckmeyer, Gerhart Hauptmann, Emil Nolde, Hermann Hesse oder Heinrich und Thomas Mann fühlten sich von der Heide- und Dünenlandschaft im Sylter Norden magisch angezogen. Und Keitum eignete sich mit seinem guten Bahnanschluss besonders gut als Westerländer Ausweichquartier. Zudem gab die verbesserte Verkehrsanbindung die nötigen Impulse für zwei neue Erholungsformen auf Sylt: die Tagesreisen und die Winterkur.

Der Eisenbahnverkehr von und nach Sylt florierte. 1934 musste ein Fahrgast nur noch drei Stunden und 43 Minuten einplanen, um von Hamburg nach Sylt zu gelangen. Im Sommer 1939 querten in einer Woche 142 Züge den Hindenburgdamm. Ein vorläufiger Höhepunkt! In nur zwölf Jahren hatte sich die Zugfrequenz verdoppelt. Dennoch schaffte es die neue Reichsbahnstrecke nicht, den gesamten Sylt-Verkehr auf ihren Gleisen zu bündeln. Zumindest im Sommer gab es die Alternative des See- oder des Luftwegs. Der Seebäderdienst der HAPAG erfreute sich konstanter Passagierzahlen, und die Lufthansa flog von Berlin sowie Hamburg aus die „Königin der Nordsee" an. Im Winterhalbjahr geriet Sylt aber völlig in die Abhängigkeit des Hindenburgdamms.

Der Ausbruch des Zweiten Weltkriegs stoppte die Entwicklung. Die Nordseeinsel verwandelte sich in ein militärisches Sperrgebiet; der Badebetrieb in den Syl-

...und bei Flut (dieses Postkartenmotiv wurde allerdings nachträglich bearbeitet).

ter Kurorten ruhte bis 1946. Dementsprechend war auch der Eisenbahnverkehr mit dem Eiland einschneidenden Veränderungen unterworfen: Er orientierte sich ganz an den Bedürfnissen der Wehrmacht. Die Fernzüge verschwanden aus den Fahrplänen, die Frequenz nahm ab. Sylt behielt wegen dreier Seefliegerhorste und dem Militärflughafen in Westerland in der Zeit der so genannten „Blitzkriege" eine wichtige strategische Bedeutung. Erst als sich der Kriegsraum bis Russland und Nordafrika ausdehnte, verlor Sylt als Luftwaffenstützpunkt an Gewicht.

Diese Kriegsentwicklung wirkte sich auf den Warentransport über den Hindenburgdamm aus. Der Güterverkehr nach Sylt – in der Gegenrichtung hatte er nie eine große Rolle gespielt – erfuhr mit der Aufrüstung Ende der 1930er Jahre einen starken Aufschwung, ehe er im ersten Kriegsjahr, 1940, seinen Höhepunkt erlebte. Gut 350 000 Tonnen umfasste der Transport in jenem Jahr, um dann deutlich einzubrechen. Das änderte sich erst, als sich die Kriegslage ab 1943 zu Ungunsten des „Dritten Reiches" wendete und eine Invasion der Alliierten an der deutschen Nordseeküste befürchtet wurde. Plötzlich rückten die vorgelagerten Nordseeinseln hinsichtlich der Reichsverteidigung wieder verstärkt in den Blickpunkt. Planspiele, die nicht Realität wurden, aber den Werdegang des Güter- und Personenverkehrs über den Hindenburgdamm beeinflussten.

Der neue Aufschwung und die „rollende Landstraße“

Über eine halbe Million auf Sylt gelöste Fahrkarten und rappelvolle Züge – 1946 und 1947 erlebte der Personenverkehr über den Hindenburgdamm einen unerhofften Boom. Der wieder aufflammende Fremdenverkehr, ein scheinbar unendlicher Strom von Flüchtlingen und zahlreiche Hamsterkäufe drängten die Menschen förmlich in die wenigen Züge. Denn die Reichsbahn war nicht in der Lage, den Massen ein ausreichendes Angebot zu stellen. Die Kriegsjahre hatten sowohl am Streckennetz als auch am Zustand von Lokomotiven und Wagenmaterial deutliche Spuren hinterlassen.

Die Phase der vollen Züge endete abrupt. Die am 21. Juni 1948 in Kraft getretene Währungsreform ließ den Urlauberstrom zur Insel Sylt abreißen und leerte die Reisezüge. Der Beginn einer Krise war dieser

Autozug in Niebüll.

Tag jedoch nicht, vielmehr die Rückkehr zur Normalität. Sylt als Ziel der Erholung kam von Jahr zu Jahr wieder mehr in Mode. Ein Trend, den der Bahnverkehr zunächst begleitete. Die noch junge Bundesbahn setzte von Fahrplan zu Fahrplan immer mehr ihrer Züge auf das Gleis des Hindenburgdamms. Bereits 1952 wurde der höchste Vorkriegstand übertroffen. 1958 zählte man zwischen Festland und Nordseeinsel schon beachtliche 231 Personenzüge je Woche. Während der Hochsaison liefen täglich D-Züge aus Basel, Köln, Frankfurt oder Hamburg im Westerländer Bahnhof ein. Zeitweise bestand sogar die Möglichkeit, sich von Genf oder Mailand direkt an den Nordseestrand bringen zu lassen, während man im Bett eines Schlafwagenabteils im Land der Träume versank. Selbst im Winter setzte die Bundesbahn nun einen ersten Fernverkehrszug mit Kurs auf Westerland ein.

Zu diesem Zeitpunkt war das 25-jährige Jubiläum bereits am Hindenburgdamm vorbeigerauscht. Es fiel alles andere als pompös aus. Am 1. Juni 1952 trafen sich Magistrat und Westerländer Stadtvertretung zu einer Feierstunde in den Kurlichtspielen. Dort flimmerte ein während der Dammeröffnung von Max Beck gedrehter Film über die Leinwand. Eine Aufführung, die beinahe an der britischen Besatzungsmacht gescheitert wäre. Die Alliierten hatten den Streifen kurzfristig beschlagnahmt, ermittelten aber

---

Fahrbahn-Ingenieur Rainer Damschen

Unter seiner Regie bleibt der Damm intakt

Wie lang ist der Hindenburgdamm? Das sollten Teilnehmer einer Quizshow beantworten, um viel Geld zu gewinnen. Zuvor mussten sich die TV-Macher natürlich selbst schlau machen – und das taten sie bei Rainer Damschen (52). Denn der Husumer Fahrbahn-Ingenieur kennt den Damm wie kaum ein Zweiter. Seit 1985 ist er für die Instandhaltung der Gleisanlagen auf der Verbindung zwischen Festland und Sylt zuständig. Allerdings macht sein Wissen die Beantwortung der Frage nicht einfacher: „Das kommt ganz darauf an.“ Aus bautechnischer Sicht sei er 12, 742 Kilometer lang. Geht man historisch vor und misst zwischen dem ehemaligen Außendeich des alten Wiedingharder Kooges und Morsum, seien es 11,845 Kilometer. Heute, nach den Eindeichungsmaßnahmen des Friedrich-Wilhelm-Lübcke-Kooges (1954) und Rickelsbüller Kooges (1982), sei der Damm auf 8,907 Kilometer festzulegen.

Anweisungen für die Autofahrer – sogar in kyrillischer Schrift.

einen „unpolitischen Inhalt". Prominente Gäste allerdings fehlten beim offiziellen Akt. Immerhin übermittelte der schleswig-holsteinische Ministerpräsident Friedrich Wilhelm Lübke ein Grußwort: „Die Vollendung dieses kühnen Werkes deutscher Ingenieurkunst leitete einen neuen Abschnitt in der Geschichte der Insel ein, der nördlichsten und größten Bäderinsel Deutschlands."

Spätestens seit den 1960er Jahren profitierte die Eisenbahn von der Massenmotorisierung. Eine Entwicklung, die der Bundesbahn im nordfriesischen Raum aber einen Boom bescherte – die Kraftfahrzeugbeförderung nach Sylt. Eine gewinnabwerfende Erfindung, die sich bereits in der „Weimarer Repu-

---

„Wie lang ist also der Hindenburgdamm?" hat Damschen den Fernsehleuten zurückgeschrieben.

Nicht nur bei Fernsehleuten ist Damschens Rat zum Thema Hindenburgdamm gefragt. Unter seiner Regie werden die Signaltechnik, Bahnübergänge, Gleisanlagen und Brücken geprüft und – wenn notwendig – Instandgesetzt. Regelmäßig fährt er mit dem Auto die feste Verbindung ab. Dabei benutzt er eine holprige Straße aus Basaltsteinen, die nur Bahnbediensteten zugänglich ist. Ein Tor mit einem dicken Schloss versperrt die Strecke Unbefugten. „Nicht nur Autofahrer, auch Fußgänger haben hier nichts zu suchen", betont Damschen und weist auf ein großes Schild „Betreten verboten". Denn die „Fahrbahn" entlang der Schienen ist für die Unterhaltungsarbeiten im Vorland, am Dammkörper und an den Gleisanlagen vorgesehen.

Während der Ingenieur auf seiner Patrouille unterwegs ist, schweift sein Blick immer wieder zur Spülkante: Pflanzenreste und Müll, 10 bis 20 Kubikmeter pro Jahr werden dort angetrieben: Zerfetzte Surfanzüge, ins Wasser gefallene Helme von Bohrinselarbeitern oder Schuhe gehören zum Stan-

Ein einsamer Arbeitsplatz im 1959 errichteten Kreuzungsbahnhof mitten auf dem Damm.

blik" andeutete. Schon kurz nach der Fertigstellung des Hindenburgdammes wurden die ersten Automobile (1932) im Güterwagen der Reichsbahn über die „Nabelschnur" zwischen Festland und Sylt transportiert. Im Sommer 1934 sorgten eine verkürzte Verladezeit von einer Stunde und verbillige Frachtsätze erstmals für eine nennenswerte Resonanz unter den Urlaubern. Mit einem Transport sollen tatsächlich sieben Kraftfahrzeuge auf einmal in Westerland eingetroffen sein. Insgesamt war es aber noch gängig, bis Klanxbüll zu fahren, dort sein Automobil abzustellen und den Personenzug zu besteigen. 80 Unterstellplätze standen allein in einer Garage an der Klanxbüller Gastwirtschaft zur Verfügung. Gastwirt Clausen

---

dard-Fundus. Dazwischen hält Damschen Ausschau nach einem guten Fang: Bernstein und Flaschenpost. „Es macht mir großen Spaß. Botschaften von Urlaubern zu lesen und ihnen auch zu antworten. Gerade Kinder freuen sich über die mit einem offiziellen DB-Logo versehenen Schreiben."

Aufgesetzt werden diese Briefe an einem Schreibtisch, der neben einem Regal voller Metallteile steht. Diese Sammlung besteht aus 76 zwei Zentimetern dicken Schienenprofilen. Darunter befindet sich neben Gleisen aus Japan oder Russland auch ein Original-Strang der ersten Schiene Klanxbüll-Morsum. Ein wenig Rost hat das oft befahrene Gleis angesetzt, doch ist die Form immer noch identisch mit seinen Nachfolgeschienen.

Während dieses Schienenstück seine Schuldigkeit getan hat, müssen die Gleise auf dem Hindenburgdamm heute bis zu 80000 Leistungstonnen Gewicht täglich aushalten. „Allein ein voll besetzter Autozug wiegt etwa 1000 Tonnen", erklärt Damschen, der auch die Holzspundwände von 1927 regelmäßig überprüft, ob sie diesem Druck noch standhalten. Zwischen diesen mit Salzwasser durchtränkten Holzwänden fin-

beschäftigte sich schon intensiv mit dem Gedanken, seinen bewährten Betrieb zu verpachten und sich dem neuen Gewerbe zu widmen.

Damals sträubte sich aber noch manch einer gegen die „rollende Brücke". Die Industrie- und Handelskammer Flensburg hatte schon vor dem Zweiten Weltkrieg den Antrag gestellt, neben der Schiene auch eine Straße zu bauen, um dadurch den Kfz-Verkehr zur Insel zu fördern. Auch auf Sylt forderte man die Autostraße vehement. Die Nationalsozialisten nahmen diesen Vorschlag zwar auf, doch der baldige Kriegsausbruch verhinderte eine Realisierung. Auch nach Kriegsende blieb das Thema „Autostraße nach Sylt" zunächst aktuell. Die noch junge Bundesbahn wusste aber mit Hilfe ihrer Eigentumsrechte an einem 100 Meter breiten Wattstreifen beiderseits des Dammes das Straßenprojekt so lange erfolgreich zu verhindern, bis die Pläne Ende der 50er Jahre in den Schubladen verschwanden. Das lukrative Geschäft der Kfz-Beförderung wollte sich die Bahn nicht entgehen lassen.

Der heutige Autozugverkehr hat seinen Ursprung im Zweiten Weltkrieg, als die deutsche Wehrmacht ihre Fahrzeuge auf Flachwagen nach Sylt befördern ließ. Die britische Royal Air Force setzte diese Praxis während der Besatzungszeit fort. Schließlich dehnte

---

det der Wächter immer wieder Tiere. Nicht nur Muscheln und Krebse bleiben dort bei Ebbe liegen, auch Heuler stranden am Damm. „Bis vor einigen Jahren hatte ich deshalb immer im Juni neben Werkzeug und Unterlagen auch einen Wäschekorb im Auto." Die kleinen Robben transportierte Damschen nach Sylt, von dort wurden sie per Flugzeug zur Seehundstation Friedrichskoog in Dithmarschen geflogen. Die Fahrten mit den „Findelkindern" waren oft allerdings nicht ganz einfach: „Wenn die neben mir auf dem Vordersitz saßen, schnappten sie immer nach meiner Hand, wenn ich die Gangschaltung betätigte." Jetzt sagt Damschen nur noch Seehundjägern in List Bescheid, die die Heuler dann selbst abholen.

Auch andere Tiere haben die Verkehrsader durchs Watt zu ihrem Lebensraum erkoren: Hasen rennen neben den Zügen her, einige Austernfischer hat Damschen sogar schon auf den Gleisen brüten sehen. „Sobald ein Zug kommt, fliegen sie weg, dann sitzen sie wieder auf ihren Eiern". Trotz Tempo 140 und 100 Zügen pro Tag scheinen sie die Gleise als komfortable Stelle für die Nachwuchspflege anzusehen. Vielleicht wäre diese ungewöhnliche Nistplatz-Wahl eine weitere Millionenfrage fürs nächste Fernsehquiz. GWENDOLIN VAHLE

die Bundesbahn den Autotransport zwischen Niebüll und Westerland auch auf den Zivilverkehr aus. In den ersten Nachkriegsjahren war die Autobeförderung noch unmittelbar mit dem Verkehr der Personenzüge gekoppelt, die zum Teil Flachwagen mit sich führten. Die Modalitäten wechselten in der Anfangszeit noch ständig. Mal musste der Autofahrer während der Überfahrt sein Fahrzeug verlassen und in einem der Personenwagen Platz nehmen, einige Wochen später konnte diese Vorschrift schon wieder Makulatur sein. Komplikationen waren so fast vorprogrammiert, wie ein internes Schreiben verrät: „Wir haben von jeher versucht, die Anordnung, dass während der Beförderung nur der Kraftwagenfahrer im Kraftwagen verbleiben darf, durchzuführen. Die restlose Durchführung stößt aber immer wieder auf erhebliche

In den ersten Jahren wurden die Autozüge nur auf einer Ebene beladen.

Begegnung: Ende der 1950er Jahre überquerten schon bis zu 50 Züge am Tag den Hindenburgdamm.

Schwierigkeiten. Zeitraubende und zum Teil scharfe Auseinandersetzungen sind an der Tagesordnung."

Der neue Service der Bundesbahn expandierte rasch. 1950 wurden in beiden Richtungen etwa 20000 Kraftfahrzeuge transportiert, fast doppelt so viele wie noch 1948. Und die Beförderungszahlen versprachen weiter zu steigen. Erste Kapazitätsengpässe drohten. Daher strukturierte die Bundesbahn den Ablauf der Autoverladung für die Sommersaison 1951 völlig neu, indem erstmals spezielle Autozüge eingesetzt wurden. Die Autoinsassen durften nun auch im Fahrzeug sitzen bleiben, um das Be- und Entladen der Züge zu beschleunigen. In den fünfziger Jahren verzeichneten die Autozüge jährlich neue Rekordmarken. 1953 wurden im Sommer erstmals mehr als 100 Autozüge in der Woche über den Damm geschickt. Dabei entwickelte sich der Samstag allmählich zum Hauptreisetag. 1959 bestand samstags 21 Mal die Möglichkeit, sich im „Huckepack-Verfahren" über den Damm transportieren zu lassen.

Allmählich genügte die einspurige Strecke nicht mehr den Anforderungen. Die Notwendigkeit eines zweiten Gleises deutete sich mehr und mehr an. Schon 1959 reagierte man und baute auf dem Damm ein 700 Meter langes Ausweichgleis mit einem „Meeresbahnhof". Er war einer der einsamsten Arbeitsplätze der Republik. Ein einziger Eisenbahner saß auf der Blockstelle Hindenburgdamm und bediente zugleich ein kleines Stellwerk mit Weichen und Signalen. Das Gebäude wurde vor wenigen Jahren abgerissen.

In den 60er Jahren konzentrierte sich das Verkehrswachstum fast ausschließlich auf die „rollende Landstraße". Der Auto-Shuttle entwickelte sich für die Deutsche Bundesbahn zu einem lukrativen Geschäft. Kein Wunder, dass im Sommer 1960 zum letzten Mal die Kfz-Beförderung über den Hindenburgdamm

Nostalgie der 1950er Jahre: eine Käfer-Karawane.

ausschließlich mit Flachwagen bewältigt wurde. Schon ein Jahr später feierte die neue „Westerland-Einheit“ ihr Debüt. Die Neuerung bestand aus drei Doppelstockwagen für Pkw und aus sieben Flachwagen für Busse, Lastwagen und Wohnwagengespanne. Die Kapazität eines Autozuges erhöhte sich deutlich: Ein 564 Meter langer Zug beförderte nun rund 200 Kraftfahrzeuge. Seine volle Funktionalität entfaltete der neue Wagenpark aber erst ab Mai 1968. Zwei neue Kfz-Verladeanlagen in Niebüll und Westerland ermöglichten die zeitgleiche Be- und Entladung aller Autozug-Elemente. Inzwischen praktizierte die Bundesbahn das „Huckepack-Verfahren“ auch im tiefsten Winter. Mit dem Winterfahrplan 1966/67 wurden erstmals 76 Extrazüge in der Woche für den Kraftfahrzeugverkehr bereitgestellt. Die Massenmotorisierung hatte nun auch die verkehrsschwächeren Zeiten erreicht, sodass selbst dann ein kombinierter Personen- und Autozugverkehr keinen Sinn mehr ergab. Trotz des Erfolgs der „rollenden Landstraße“ – ein Ereignis brachte kurzfristig eine feste Straßenverbindung wieder in Erinnerung, ohne allerdings eine neue Diskussion zu entfachen. Anfang 1963 schloss sich die Eisdecke nach langer Kälteperiode erstmals seit 40 Jahren wieder über dem Wattenmeer. Die Folge: Alles, was in der Gegend von Emmelsbüll, Klanxbüll und Rodenäs fuhr, kannte nur ein Ziel – die „Eis-Avus“, eine Autobahn über das vereiste Wattenmeer. Ein Strom von Kraftfahrzeugen schob sich am Damm entlang. Vorsichtig und bedächtig orientierten sich die Autofahrer an den ausgefahrenen Spuren, um an das andere Ende des Dammes zu gelangen. Ein jeder strahlte, statt der eingesparten Beförderungskosten der Bundesbahn nur 120 Pfennig Benzingeld bezahlen zu müssen – ein „Sylter Wintertraum“.

Das vereiste Wattenmeer im Winter 1963.

Autoverladung in Westerland.

Ankunft in Niebüll.

Sylt und der Intercity – ein vorgezogenes Geschenk

„Letzte Fahrt nach Westerland/Sylt", stand auf einem an der Lokfront befestigten Schild, als am 30. September 1972 zum letzten Mal ein Dampfzug im Westerländer Bahnhof eintraf. Ein Zeitenwechsel vollzog sich. Danach dominierten im gesamten Bereich der Bundesbahn-Direktion Hamburg die Dieselloks. Viel Wehmut schwang bei den Eisenbahnfreunden mit, die der „letzten richtigen Lokomotive auf der Marschbahn" nachtrauerten. Einige hundert Schaulustige fanden sich ein, viele filmten und fotografierten das Ungetüm, das mit einem Dauerpfiff antwortete. Dann waren die knallenden Auspuffschläge der schwer arbeitenden Dampflokomotiven für immer auf Sylt verklungen. In diesem sentimentalen Augenblick war es nur ein kleiner Trost, dass im selben Jahr die Bahnstrecke zwischen Morsum und Klanxbüll für 10,3 Millionen Mark um ein zweites Gleis erweitert worden war. Eine Maßnahme, die Engpässe weitgehend entschärfte.

Pünktlich zum 120-jährigen Jubiläum des Nordseebades Westerland präsentierte die Bundesbahn aber einen würdigen Nachfolger für die schnaufenden Schienenfahrzeuge. Am 27. Juni 1975, um punkt 21.50 Uhr, empfing der Westerländer Musikverein mit „Pauken und Trompeten" den ersten Intercity auf der Nordseeinsel. Seit dem Winterfahrplan 1971/72

Schuften bis zur Erschöpfung

„Mit viel Beifall bedacht wurde die Ehrung der ‚Pioniere der Sylter Festlandsverbindung' – sie fand im Kursaal von Westerland statt. Bundesbahn und Bädergemeinschaft überreichten an die Männer Urkunden und Präsente. Für die Ausgezeichneten bedankte sich ein 93-jähriger Morsumer mit bewegenden Worten." So vermeldete es die „Sylter Rundschau" am 2. Juni 1977 – einen Tag nach den Feierlichkeiten zum 50-jährigen Jubiläum des Dammbaus.

war die Deutsche Bundesbahn damit beschäftigt, ein neues Fernverkehrsnetz aufzubauen. Nun stiegen aus dem „Gambrinus“ 91 Reisende, die teilweise schon in München die Fahrt angetreten hatten und in Köln Zeuge einer besonderen Einlage wurden: Peter Schnittgard, Geschäftsführer der Bädergemeinschaft Sylt, begrüßte in der Verkleidung des Sylter Meeresgottes den Intercity in der Domstadt.

Allerdings beschränkte sich das neue Angebot der Bahn vorerst auf nur ein wöchentliches Zugpaar. Am Freitag traf der aus München kommende Fernzug auf der Nordseeinsel ein, um mit dem Ausklingen des Wochenendes wieder „Servus“ zu sagen. Aber

---

Der heutige Sylt-Oster Kurdirektor Peter Schnittgard vermag sich an jenen Tag noch gut zu erinnern. In seiner damaligen Funktion als Werbeleiter der Westerländer Kurverwaltung hatte er die Ehrung der Veteranen angeregt. „70 Männer folgten der Einladung. Sie kamen aus dem ganzen Bundesgebiet, sogar aus Österreich und der Schweiz angereist. Sammelpunkt war Hamburg, von wo aus ein Sonderzug nach Sylt fuhr“, blickt Schnittgard zurück. „Beim Festakt saßen die Dammbauer natürlich ganz vorn unter den Ehrengästen und standen auch bei den Honoratioren und

27. Juni 1975: Der erste Intercity im Westerländer Bahnhof.

die neue Verbindung hatte es in sich, reduzierte sich doch die Fahrzeit von Hamburg nach Westerland auf zweieinhalb Stunden. Selbst heute gibt es keinen Zug, der dieselbe Strecke schneller zurücklegt. Der Genuss lag auf Seiten der Fahrgäste, wie ein Leserbrief in einer überregionalen Zeitung dokumentierte: „Wenn ich am Wochenende über den Damm rattere, die frische Luft einatme und mich auf Bekannte oder Freunde freuen kann, überkommt mich immer ein richtiges Glücksgefühl." Der Intercity hatte allerdings anfangs auch einen Nachteil: Er führte bis 1979 nur Wagen der 1. Klasse mit sich.

In den 1980er Jahren erhielten die modernen Personenzüge weiteren Aufwind. Egal ob aus Koblenz, Dortmund, Berlin oder Köln – aus allen Teilen der Republik näherten sich die Intercitys Theodor Storm, Gorch Fock, Emil Nolde, Deichgraf und Seemöwe der Nordseeinsel Sylt. Ab 1996 fand sich im Kursbuch sogar für einige Jahre ein Eurocity namens Carl Maria von Weber, der in Prag eingesetzt wurde. Dagegen wurde ab 1975 eine andere klassische Fernverbindung allmählich ausgebremst: 1993 verließ zum letzten Mal einer der altbewährten D-Züge den Westerländer Bahnhof.

Das Eintreffen des ersten Intercitys auf Sylt konnte durchaus als ein vorgezogenes Geschenk für den 50-jährigen Geburtstag des Hindenburgdamms gewertet werden. Ein Jubiläum, das die Bundesbahn

---

den Medien im Mittelpunkt des Interesses." Aufgefallen war Schnittgard seinerzeit, dass „die Veteranen noch einen ausgesprochen gesunden und robusten Eindruck machten. Es waren halt urwüchsige Kerle."

Zu einem der Geehrten hatte Peter Schnittgard indes eine besondere Beziehung. Es war Niels Schnittgard, sein Vater. Aus dessen Erzählungen weiß der Sohn zu berichten: „Es war eine verdammt harte Arbeit, die allerdings gut bezahlt wurde. Der Dammbau brachte der Insel dringend benötigte Arbeitsplätze." Niels Schnittgard hatte nach der Schule zunächst als Schiffsjunge auf dem Dampfer „Freya" angeheuert, der zwischen Munkmarsch und dem dänischen Højer pendelte. Später wirkte er beim Dammbau mit und steuerte danach die Züge der Inselbahn.

Das Lenken von Zügen hatte er beim Dammbau gelernt: Als Führer eines Lorenzuges war es seine Aufgabe, das Baumaterial zum Damm zu transportieren. Dafür waren am Fuß des Damms schmale Schienenstränge verlegt worden, auf denen die kleinen Lorenzüge unablässig Klei, Sand und Steine zur Baustelle karrten. „Die Männer haben zeitweise

und die Ferieninsel eine „Sylter Woche" lang feierten. Am 1. Juni 1977 ertönte um punkt 8.30 Uhr in Hamburg-Altona ein Pfiff; ein Sonderzug startete, der auf seinem Weg an die Nordsee noch zahlreiche Ehrengäste in Itzehoe, Heide und Husum einsammelte. Ein erster längerer Halt um 10.41 Uhr in Niebüll. Ein Willkommensgruß von mehreren Spielmannszügen und eine launige Ansprache vom Bürgervorsteher Nico Bossen – dann passierte die Sonderfahrt Klanxbüll und erreichte schließlich den Hindenburgdamm. Urplötzlich stoppte die Diesellok. Eine überraschende Begegnung: Der Sylter Meeresgott Ekke Nekkepen hatte es sich auf dem Damm gemütlich gemacht. Herbert Heise, der Präsident der Bundesbahndirektion Hamburg, musste Wegezoll bezahlen – eine Buddel Rum.

Auch Morsum war auf den Beinen. Der Gesangverein, der Sportklub, die Freiwillige Feuerwehr und viele Einheimische hatten sich auf dem Bahnsteig versammelt, um dem vorbeifahrenden Jubiläumszug zuzuwinken. Um 11.45 Uhr schließlich Endstation. In Westerland empfing auf Gleis eins ein „Großer Bahnhof" mit Trachtengruppen, Musikkapellen und Schützen die Gäste – wie 50 Jahre zuvor. In einer von vielen Oldtimern geprägten „Schnauferl-Karawane" ging es zum Festakt im Kurzentrum der Inselmetro-

Peter Schnittgard mit einem Foto seines Vaters Niels und einer Karbidlampe, die bei früheren Zugfahrten unerlässlich war.

Tag und Nacht, bei Sturm und Regen gearbeitet", berichtet Peter Schnittgard. Wenn man nach getaner Arbeit erschöpft in der Runde zusammensaß, griff Niels Schnittgard gelegentlich zu seiner Ziehharmonika und spielte eine flotte Melodie zur Zerstreuung. Und doch waren die Männer, die für die Insel und das Vaterland Schwerstarbeit leisteten, von einem gewissen Stolz erfüllt. „Mein Vater sagte einmal: Wir hatten das Gefühl, jetzt wird Sylt an die Welt angeschlossen."

FRANK DEPPE

pole. Mit dabei auch 73 Veteranen aus der Bauphase; die „Männer der ersten Stunde“ wurden mit Urkunden bedacht. Der Älteste unter den ehemaligen Dammarbeitern: der 93-jährige Karl Clasen aus Morsum. Sein trockener Kommentar: „Viel Betrieb.“

Der große Trubel verflüchtigte sich um 17.27 Uhr. Zu diesem Zeitpunkt setzte sich der Sonderzug unter dem Jubel der Westerländer wieder in Bewegung, um die Heimreise anzutreten – natürlich über den Hindenburgdamm, die „Nabelschnur“ zum Festland. Dennoch gab es selbst 50 Jahre nach der Einweihung noch vereinzelt kritische Stimmen. Einige Insel-Friesen machten „ihren Damm“ für die beträchtlich gestiegenen Wasserstände im Wattenmeer oder für die schweren Sturmflutschäden an der Ostküste verantwortlich. Die vorherrschende Meinung auf Sylt waren diese Vorbehalte jedoch nicht, wie Westerlands Bürgervorsteher Ernst-Wilhelm Stojan in seiner Rede unterstrich: „Die Zeit vor dem Dammbau bedeutete für die Inselbewohner das Zehren an der Existenz.“

Wachstum: Rund 490 000 Kraftfahrzeuge transportierte die Bundesbahn Ende der 1970er Jahre über den Damm.

Wie sich das Eiland durch den Einfluss der festen Bahnverbindung veränderte, zeigt auch die stark expandierende Zahl der aus dem übrigen Nordfriesland kommenden Berufspendler. Waren es 1961 gerade einmal 152, vergrößerte sich diese Schar bis heute auf 3500 – und das bei nur 9000 Arbeitsplätzen auf der Insel. Auf dem günstigen Festland wohnen und auf der Urlaubsinsel Sylt arbeiten – lautete für immer mehr Menschen das Motto. Für die Bahn ein fester Kundenstamm, der auch in der kühleren Jahreszeit die Züge füllt. Die Folge: Der Winterfahrplan wurde ständig erweitert. Ab 1987 wurde zur Bewältigung des hohen Fahrgastaufkommens die Regionalschnellbahn eingesetzt.

Massenansturm: 3500 Menschen pendeln regelmäßig vom Festland nach Sylt und zurück.

Für volle Bahnsteige in Westerland sorgte 1995 das neue „Schöne-Wochenend-Ticket“ der Bahn.

Daran änderte 1994 auch eine Neuordnung des Nahverkehrs, bereits unter der Regie der Deutschen Bahn AG, nichts. Seitdem wird der Schienennahverkehr von den Regionalbahnen und den Regional-Expressen getragen. Für Aufregung sorgte allerdings das „Schöne-Wochenend-Ticket“, das mit „Preisen wie nach dem Krieg“ die Menschen in Massen in die Nahverkehrszüge lockte. Bevorzugtes Ziel im Frühjahr 1995: Sylt. Der Strom der „Billigtouristen“ überforderte die Infrastruktur auf der Urlaubsinsel. „Helgoländer Verhältnisse“ und ein Ausbleiben der Stammgäste befürchteten Verbände und Politik. Die Situation eskalierte jedoch nicht, Preiserhöhungen lösten das Problem von allein.

Trotz der enormen Sogkraft der Personenzüge war es aber die „rollende Landstraße“, die sich immer mehr zum Synonym für den Sylt-Verkehr entwickelte. Ständig verbuchten die Autozüge neue Rekorde. 1977 beförderte die Bundesbahn bereits das fünfmillionste Kraftfahrzeug über den Hindenburgdamm. 1980 durchbrach die jährliche Transportleistung erstmals die Schallmauer von 500 000 Autos. Als das Beförderungsvolumen im Laufe der 1980er Jahre stagnierte, glaubten viele, endlich ans Ende der Wachstumsphase angelangt zu sein. Doch dann setzte ein neuer Aufschwung ein, der 1996 das Maximum erreichte: 957 000 Kraftfahrzeuge benutzten in beiden Richtungen den Autozug. Seitdem ging der Verkehr leicht zurück und stagniert seither.

Die Tagesrekorde aus den 1990er Jahren werden heute nicht mehr getopt – in einem noch stärkeren Maße als im Sommer stieg das Kfz-Aufkommen allerdings in der dunklen Jahreshälfte. Ein Grund: die wachsende Popularität des Wintertourismus. Die immer höher werdenden Realeinkommen, die immer kürzeren Jahresarbeitszeiten und die neue Vorliebe für einen zweiten oder sogar dritten Urlaub im Jahr füllten zunehmend auch im Winter die Sylter Gäs-

---

EINMAL SYLT UND ZURÜCK:

Pendler zwischen zwei Welten

Jeden Morgen, sechsmal die Woche, reißt der Wecker Carola Lühr um 4.40 Uhr unsanft aus ihren Träumen. Ein ganz normaler Arbeitstag nimmt seinen Anfang. Jeden Tag, sechsmal die Woche, trifft die 27-Jährige um kurz vor sechs in der Früh in Klanxbüll ein paar Dutzend andere Frauen und Männer, von denen sich mancher noch die Müdigkeit aus den Augen reibt. Mit ihnen teilt Carola Lühr das gleiche Los: Allesamt sind sie abhängig. Abhängig von der Bahn, vom Damm, von der Insel, die irgendwo da draußen vor der Küste hinter dem milchigen Seenebel gerade aus dem Schlaf erwacht.

Carola Lühr ist eine Pendlerin. Eine von vielleicht 3000, vielleicht 4000. So ganz genau vermag niemand ihre Zahl zu beziffern. Allein 2850 Arbeitnehmer vom Festland weist die Statistik der Stadt Westerland aus. Und auch die übrigen Inselorte haben zumal im Sommer einen unstillbaren Hunger nach Arbeitskräften, die sie auf der Insel nicht finden, weil sich die meisten die Insel nicht leisten können. Die Gleichung ist denkbar einfach: Wohnraum auf Sylt ist knapp, obwohl rein rechnerisch auf jeden Einheimischen gleich zwei oder drei Häuser entfallen würden. Doch die gehören anderen, Fremden zumeist, Zweithausbesitzern. Oder sie werden von den Syltern als Apparte-

tebetten. Zudem wird auch die Versorgung der Insel über das ganze Jahr vorwiegend mit dem „Sylt-Shuttle“ abgewickelt. Bis auf ein einziges, täglich verkehrendes Zugpaar ist der reine Güterverkehr verschwunden.

„Es ist gut so, wie es ist.“ Carola Lühr am Bahnsteig von Morsum.

Die wachsenden Anforderungen füllten die Fahrpläne immer weiter. Heute fahren in einer durchschnittlichen Sommerwoche insgesamt 281 und in einer vergleichbaren Winterwoche 180 Autozüge über den Damm, das sind rund 13 000 Züge im Jahr. Darin noch nicht enthalten: die seit 1972 in der Hauptsaison verkehrenden DB AutoZüge. Achtmal in der Woche können Autofahrer ihren Pkw in Frankfurt, Stuttgart, Dortmund oder Düsseldorf aufgeben, um selbst in einem Reisezugwagen Platz zu nehmen und eine Fahrt ohne Stau und Stress zu genießen.

Heute ist der Eisenbahnverkehr über den Hindenburgdamm an die Grenzen der Belastbarkeit ge-

---

ments und Ferienwohnungen an Gäste vermietet. Wohnraum auf der Insel ist also rar, die Mietpreise sind entsprechend hoch, zumeist unerschwinglich für einen normalen Arbeiter oder Angestellten. Also wandern die jungen Menschen ab. Zum nahen Festland, wo sie bezahlbare Wohnungen finden, wo sich mancher sogar ein schmuckes Eigenheim erbaut hat. Derweil suchen die Arbeitgeber auf der Insel händeringend nach Personal. Ein Teufelskreis.

Und so nehmen es viele ehemalige Sylter in Kauf, ihr Dasein in zwei Welten zu teilen: Morgens rüber zur Insel, abends retour ins selbst erwählte Exil. Bei Carola Lühr verhält sich das

stoßen. Vor allem die Samstage in der Hauptsaison erweisen sich immer wieder als echter „Drahtseilakt". Schon kleinste Pannen führen zu Verspätungen. Lange Wartezeiten in Niebüll und Westerland sowie eine Auslastung der Autozüge von annähernd 100 Prozent sind dann an der Tagesordnung. Schon seit langem versucht die Bahn, diese Engpässe mit Ausbaumaßnahmen – vor allem in den Terminals des „SyltShuttle" – zu entschärfen. 1991 beschleunigte eine neue Anlage in Westerland den Betrieb. Zehn Jahre später wurde die Verladerampe in Niebüll für Lkw und Busse um vier Meter verlängert, was den Fahrern die Auffahrt erleichtert und somit die Verladezeit verkürzt. Pläne, der ehemaligen Kreisstadt Südtonderns ganz den Rücken zu kehren und nach Klanxbüll umzusiedeln, waren zu diesem Zeitpunkt bereits gestorben. Die DB AutoZug GmbH, Niederlassung Sylt, wollte so den eingleisigen Streckenabschnitt zwischen dem neuen Standort und Niebüll umgehen. Eine raschere Zugfolge wäre möglich gewesen. Die Region ging aber auf die Barrikaden. Auf Widerstand stieß vor allem der durch die Verlegung erwartete starke Straßenverkehr zwischen Niebüll und Klanxbüll. Aber auch den erhofften zweigleisigen Ausbau der gesamten Strecke sah man in noch weitere Ferne rücken. Anfang September 2000

---

anders. Sie war nie eine Sylterin und hat auch nicht vor, jemals eine zu werden. Sie fühlt sich dort wohl, wo sie aufgewachsen ist. In dem weiten Landstrich der Wiedingharde, dem Bezirk nördlich von Niebüll. Seit zwei Jahren wohnt die gebürtige Klanxbüllerin in dem 450-Seelen-Dorf Rodenäs, seit zehn Jahren pendelt sie tagein, tagaus zur Insel hinüber. Es sei denn, es ist Sonntag. Und im Winter bleibt der Wecker gelegentlich auch mal sonnabends stumm. Das bedeutet dann ein langes Wochenende für Carola Lühr.

„Am Anfang hat einen das frühe Aufstehen schon gestört. Mittlerweile habe ich mich daran gewöhnt." Um 5.58 Uhr ruckelt der Zug in Klanxbüll los, 15 Minuten später hat er Morsum erreicht. Hier arbeitet die junge Frau als Verkäuferin im örtlichen Lebensmittelmarkt. Zwei ihrer Kolleginnen sieht sie schon vor der Arbeit im Zug. Die haben einen noch längeren Anfahrtsweg. Sie kommen aus Niebüll. Carola Lühr ist erst um 19.30 Uhr wieder daheim. Nach dem Abendbrot überfällt sie dann bald die Müdigkeit. „Manchmal liege ich schon um neun im Bett." Übers Jahr gesehen verbringt Carola Lühr statistisch gesehen fünf, sechs volle Tage im Zugabteil. Dennoch ist sie mit ihrer Situation nicht unzufrieden. Die Arbeit macht Spaß, und sonnabends wird mit der Clique gefeiert. Im Winter braucht

gab die Bahn nach. „Auf Grund der Diskussionen in den zurückliegenden Monaten ist eine gemeinsame Planung aus Sicht von DB AutoZug nicht möglich", hieß es von Seiten des Geschäftsführers Winfried Czilwa. Bevölkerung und Politiker freuten sich über den „Sieg der Vernunft". Das Terminal Niebüll wird bis Ende 2003 neu gestaltet. Es werden unter anderem 10 000 qm Grund und Boden für neue Wartebereiche und Servicegebäude angekauft.

Erfolgreicher verlief für die DB AutoZug der Erwerb von 24 neuen Autozugeinheiten, der bis Januar 2002 komplett vollzogen war. 15 Doppelstock- und neun Einstockeinheiten, alles Extra-Anfertigungen für Sylt, lösten das bis zu 35 Jahre alte Material ab. Außerdem schaffte sich das Unternehmen fünf neue Motorradwagen mit acht Stellplätzen für Zweiräder an. Summa summarum misst ein Autozug von heute beachtliche 611 Meter und bietet Platz für rund 190 Kraftfahrzeuge.

Die Vorteile des neuen „SyltShuttle" liegen auf der Hand: Dank einer Bauweise, die stärker als bei seinem Vorgänger die Aerodynamik berücksichtigt, liegt der neue Zug ruhiger in der Spur und erreicht auch bei größeren Windstärken noch eine akzeptable Geschwindigkeit. Selbst bei einem Orkan muss der Betrieb nicht eingestellt werden. Während die Lärmbelästigung für die Anwohner gesunken ist, können die Insassen sogar einen Kaffee trinken, ohne durchgeschüttelt zu werden – wie die „Sylter Rundschau" titelte: „Vom Sylt-Schüttler zum SyltShuttle".

---

sie erst eine Stunde später zur Arbeit und kommt früher heim. „Ich vermisse eigentlich nichts." Nach Sylt ziehen? Carola Lühr winkt ab. „Es ist doch nicht schlecht, wenn man zur Arbeitsstätte räumlichen Abstand hat. Und außerdem: Bei den Mieten ist da gar nicht dran zu denken. Da bleibt einem ja nix mehr zum Leben übrig."

Wenn Carola Lühr an den Gegebenheiten überhaupt etwas ärgert, dann ist es die Bahn. „Die häufigen Zugverspätungen machen einen manchmal ganz schön sauer." Am schlimmsten ist es, wenn irgendein Wirrkopf bei der Bahn Bombenalarm auslöst oder es im Winter auf den Gleisen zu Schneeverwehungen kommt. „Da steht man sich am Bahnhof schon mal ein, zwei Stunden die Beine in den Bauch." Im Sommer 2000 ist den Pendlern einmal der Kragen geplatzt. Weniger wegen der lästigen Zugverspätungen. Aber wer beginnt den Tag schon gerne damit, um jeden Quadratzentimeter Freiraum zu kämpfen? „Von einem Sitzplatz kann man nur träumen. Stattdessen wird man zusammengepfercht wie Vieh. Manchmal sind die wenigen Waggons so überfüllt, dass niemand mehr zusteigen kann", beschrieb der Pendler Rudi Wagner den leidvollen Alltag der Betroffenen. „Man fühlt sich wie ein Mensch zweiter Klasse behandelt. Und bei vielen kocht die Wut." Leidtragende waren die Schaffner, über die sich täglich wahre Schimpfkanonaden ergossen. „Die trauen sich bald nicht mehr aus ihren Dienstabteilen heraus." Die

Betroffenen erwägten bereits, eine Pendlerinitiative zu gründen, sogar von einer Besetzung des Damms war damals die Rede. Auch die Arbeitgeber gingen auf die Barrikaden. „Die Hälfte meiner Mitarbeiter wohnt auf dem Festland. Wenn die kurz nach sieben mit so einem Viehtransport hier ankommen, sind sie fix und fertig", schilderte der Westerländer Marktleiter Holger Flessau die Zustände. Das geballte Echo der Insel nötigte die Bahn zum eiligen Handeln: Die Frühzüge wurden um mehrere Waggons aufgestockt. Seitdem geht es unterwegs wieder moderat, sogar ein bisschen familiär zu. „Man klönt am Bahnsteig mit anderen Pendlern über Gott und die Welt. Man kennt sich halt im Laufe der Jahre", sagt Carola Lühr. Und gelegentlich gibt es während der Fahrt über den Hindenburgdamm sogar etwas zu lachen. „Im Sommer sitzen manchmal recht dösige Touristen im Zug. Auf dem Damm gucken sie dann ganz erstaunt nach links und rechts und sagen: ‚Guck' mal, dort drüben ist die Nordsee und da die Ostsee.'"

Zugverspätungen sind ärgerlich. Noch schlimmer ist es freilich, wenn der Nabelstrang zum Festland zeitweise ganz gekappt ist. So geschehen am 18. September 1994. An diesem unscheinbaren Tag läuft der Bahnverkehr bis um 15.23 Uhr planmäßig. Dann entgleisen zwei zusammengekoppelte Dieselloks. Ursache: Ein Stellfehler an einer Weiche. Bis in die Nacht war Westerland vom Bahnverkehr abgeschnitten. Personenzüge vom Festland fuhren nur bis Morsum, Autozüge überhaupt nicht mehr. Noch schlimmer traf es die Insel am 3. Januar 1976. Ein Orkan fegte mit 160 Stundenkilometern über die Küste. Ein Gleis auf dem Damm wurde auf einer Länge von acht Kilometern unterspült, das zweite Gleis aus Sicherheitsgründen gesperrt. 20 Stunden lang war die Strecke überhaupt nicht befahrbar, weitere drei Monate nur eingleisig.

Auch am 3. Dezember 1999 war es die Macht der Elemente, die einigen Reisenden ein Horrorszenario am Hindenburgdamm bescherte. Am Nachmittag war das Orkantief „Anatol" wie ein reißender Wolf über die Nordseeküste hergefallen. Im Laufe des verheerenden Unwetters wurden auf Sylt Windgeschwindigkeiten von bis zu 190 Stundenkilometern gemessen, so viel wie niemals zuvor. In Niebüll war an diesem Tag der Autozug um 16 Uhr planmäßig abgefahren. Doch statt der vorgesehenen 40-minütigen Überfahrt sollten die Reisenden eine sechseinhalbstündige Odyssee erleben.

Kurz vor dem Damm lösten die Orkanböen die Notbremse aus, der Zug kam ruckelnd zum Stillstand. Merret Martensen aus Morsum erinnert sich: „Es war stockdunkel, der Sturm rüttelte an dem Zug – und die Zeit verstrich." Erst gegen 19 Uhr klopfte ein Bahnbeamter an die Fenster der Autos. Doch nicht etwa, um die Reisenden zu informieren: „Er fragte, ob jemand zufällig eine Taschenlampe besitze." Eine halbe Stunde später setzte sich der Autozug zaghaft in Bewegung und rollte im Schrittempo über den Damm. „Eine beängstigende Situation – die Gischt schlug bis an die Autos heran." Erst gegen 22.30 Uhr erreichte der Zug den Westerländer Bahnhof. Der erste Gedanke der Morsumerin: „Jetzt ein heißes Bad und einen Becher Glühwein." Die Autozüge fahren seit jenem Tag nur noch bis Windstärke zehn.

Und was würde passieren, wenn der Damm einmal länger als nur für ein paar Stunden unpassierbar wäre? Nicht viel. Mit Frischfleisch könnte es vielleicht etwas eng werden, aber satt würde jeder. Die Lager der Supermärkte sind ausreichend gefüllt. Und dann gibt es ja noch die Fährverbindung nach Dänemark und den Flughafen.

FRANK DEPPE

Freitag, 8. Juni 2001 — **SYLTER NACHRICHTEN** — Jahrgang 2001

Bei Sturm und Regen lauschten gestern Vormittag die geladenen Gäste an der Niebüller Verladeanlage den Reden.

SYLT

Jahresversammlung der SPD Hörnum

HÖRNUM

Heute, 19.30 Uhr, findet im Alten Kursaal, Strandweg 4 die Jahreshauptversammlung der SPD Hörnumum statt.

Bahnhofshalle geschlossen

WESTERLAND

Heute bleibt die Empfangshalle des Bahnhofs Westerland ab 18.30 Uhr wegen einer Veranstaltung geschlossen.

Folk und Pop in der Backstube

LIST

„Banshees Delight" spielt heute in der Alten Backstube um 19 Uhr mit abwechslungsreicher Musik auf.

Anmeldung zur Konfirmation für 2003

LIST

Anmeldung für den Konfirmandenunterricht, der nach den Sommerferien in List beginnt, ist heute, 8. Juni von 17-19 Uhr im Pastorat, Frischwassertal 18. Zur Anmeldung bitte die Geburtsurkunde und, wenn vorhanden, den Taufschein mitbringen.

Frauenfrühstück mit Anja Lochner

WESTERLAND

Pastorin Anja Lochner lädt morgen um 9.30 Uhr zum Frauenfrühstück ins Gemeindezentrum am Kirchenweg, ein. Motto „Wer schön sein will, muss..." . Anmeldung heute unter ✆ 7884 oder im Kirchenbüro ✆ 22263.

Noch Plätze für Busfahrt frei

SYLT

Es gibt noch Restkarten für die ganztägige Busfahrt der Chorgemeinschaft Harmonie am Sonntag in die Holsteinische-Schweiz. Neben interessanten Ausflugspunkten und Sehenswürdigkeiten ist auch ein Mittagessen und ein Kaffeegedeck im Preis von 75 Mark inbegriffen. Treffpunkt 6.45 Uhr Bahnhof Westerland. Info ✆ 22487 bei Erika Redlin.

Spielzeug-Flohmarkt in Tinnum

TINNUM

Morgen findet in der Tinnumer Grundschule in der Zeit von 11 und 14 Uhr ein Spielzeug-Flohmarkt statt. Kleine Leckereien gibt's in der Cafeteria.

KÄPT'N CORL

Mit Geöttel durch die Stadt

Bürgermeisterin Petra Reiber und Autozug-Chef Winfried Cziłwa hießen um 12.43 Uhr die neue Shuttle-Generation und das Ehepaar Emrich in Westerland willkommen. Fotos: sylt-picture

Autozug GmbH feierte gestern die Premiere der neuen Generation

„Sylt hat eine neue Visitenkarte"

Nach vier Jahren der Planung hat die Autozug GmbH gestern Mittag dem ersten Zug der neuen SyltShuttle-Generation einen großen Bahnhof bereitet. Knallrot und mit deutlich spürbaren Verbesserungen ausgestattet investierte die Bahn-Tochter rund 50 Millionen Mark in die Ablösung des zum Teil über 30 Jahre alten Wagenmaterials. Die Bürgermeister auf beiden Seiten der Schienenverbindung, Wilfried Bockholt und Petra Reiber, würdigten das Engagement des Transportriesen. Die neue Shuttle-Generation kann 40 Autos mehr aufnehmen, ist breiter und bei Sturm und Eisglätte sicherer.

WESTERLAND

Frank Zarp

Der lang herbei gesehnte Tag der Jungfernfahrt verlief gestern Vormittag unter authentischen Nordfriesland-Bedingungen. Bei strömendem Regen mochte bei den 100 geladenen Gästen unter freiem Himmel an der Verladestation in Niebüll trotz des freudigen Anlasses wenig gute Laune aufkommen. Trotzdem wollte Autozug-Geschäftsführer Winfried Cziłwa 90 Minuten vor der Abfahrt der neuen Generation durch Sturm und Regen hindurch seine wackeren Zuhörer neugierig machen.

Die Wagen sind breiter, die Stehhöhe im Untergeschoss des Doppelstockwagens mit 1,80 Meter großzügig, Motorradreisende erhalten ein spezielles Begleitfahrzeug, Lautsprecheranlagen transportieren künftig Informationen auch während der Fahrt, und schon morgens im Bus während der Überfahrt von Sylt nach Niebüll gegenüber den Bürgermeistern Petra Reiber, Ingbert Liebing und Erik Mannstedt angepriesen. Das „neue Fahrgefühl" sei nicht nur spürbar, versprach der gebürtige Ostfriese, sondern durch Messungen belegt.

So habe man im Vergleich zu den alten, aus den 60er Jahren stammenden Fahrzeugen, den so genannten „Schüttel-Faktor" von bis zu 4,2 bei der neuen Generation auf 2,5 absenken können. „Dies ist exakt der Wert, den zur Zeit auch die Inter-City-Züge erreichen. Zum Vergleich: Nur der ICE kommt mit 2,2 auf einen noch besseren Faktor."

Dann endlich war es soweit: Nachdem der 530 Meter lange Zug Tage lang im Bundeswehrdepot Stedesand vor der Öffentlichkeit „versteckt" wurde, rollte das erste knallrote Prunkstück an der Verladerampe ein. Unt [redacted] ihrem Opel Vectra die neue Generation ein zu weihen. Als Trostpflaster für die ganze Aufregung gab noch eine Mehrfahrtenkarte drauf zu. Als auch der Rest der motorisierten Gästeschar verladen war, erhielt Lokführer Jan Hansen pünktlich um 12.01 Uhr das Signal zur Abfahrt.

Zur Freude von Niederlassungs-Leiter Andreas Lipka (r.) ließ sich auch der langjährige Sylter Bahnchef Werner Arriens die Premiere nicht entgehen. Fotos (4): Zarp

Geschäftsführer Winfried Cziłwa bedankt sich bei Triebwagenführer Jan Hansen für die „butterweiche Überfahrt".

Noch weiß Kurdirektor Peter Schnittgard nicht, was die neue Generation drauf hat. Später war voll des Lobes

Bahn-Kritiker ist begeistert

Nichts ist mehr, wie es einmal war. Da setzt sich doch das tonnenschwere Schienenmonstrum ohne jegliche Vorankündigung einfach in Bewegung. Spontan löst Peter Schnittgard den Anschnallgurt, bei dieser butterweichen Anfahrt wäre ihm der obligatorische Gewaltkuss mit seinem Renault-Lenkrad diesmal erspart geblieben. Wenige Meter weiter die zweite Enttäuschung: Wo ist er nur geblieben, der Achtfach-Wackler in der ersten [redacted] Unternehmens so gefürchtete Sylter Bahn-Kritiker ist voll des Lobes. Schon auf der Rampe hatte der Kurdirektor zu dem Neuen Vertrauen gefasst. „Toll, endlich genügend Platz bei der Auffahrt. Alles ist viel breiter und übersichtlicher. Man darf nicht vergessen, es gibt Menschen mit Tunnelblick, für die ist es hier oben ziemlich eng gewesen."

Erleichterung macht sich breit, als im weinroten Van die minutenlang so starren Seiten der Zeitung wenigs- [redacted] weis zeigen zu lassen.

Selbst ein handfester Stau am Knotenpunkt Lehnshallig kann an Schnittis positiver Grundstimmung nichts ändern. Denn: „Sehr verehrte Fahrgäste, wir setzen unsere Fahrt in wenigen Augenblicken fort", ertönt es aus den schmucken Lautsprechern, von denen es auf jeder Seite eines Wagens drei gibt. „Vielleicht ein bisschen zu leise. Aber das regelt sich." Und als der Heimatbahnhof schon in Sicht ist, vergißt unsere ungewöhnlich milde gestimmte

„Sylter Rundschau" vom 8. Juni 2001.

4000 Mal über den Hindenburgdamm – ein Lokführer berichtet

Viertel nach vier in aller Früh. Der Wecker klingelt. Für Joachim Böttger nichts Ungewöhnliches; denn der Lokführer befährt schon seit 30 Jahren im Schichtdienst die Marschbahn. Zwischen Westerland und Itzehoe, manchmal auch bis nach Hamburg pendelt er fast jeden Tag mit dem Regionalexpress oder der Regionalbahn.

1972 fing Joachim Böttger nach einer Ausbildung zum Heizungsmonteur bei der damaligen Bundesbahn an. Damals keuchten gerade die letzten Dampfloks an der Westküste Schleswig-Holsteins. Der heute 48-Jährige arrangierte sich sofort mit der moderneren Technologie – mit den Diesselloks. „Die qualmen ab und zu ja auch ein wenig." Und es dauerte nicht lange, da befuhr Joachim Böttger mit einer dieser Dieselloks den Hindenburgdamm. Ein absolutes Highlight – nicht nur für Touristen, sondern auch für die Bahnangestellten.

Nach Sylt soll Joachim Böttger auch heute Morgen. Doch zunächst meldet er sich über Telefon bei seiner Dienststelle – das ist die Lokleitung in Kiel – zum Dienst. Dann trifft er Vorbereitungen für die erste Fahrt: Vorheizen und eine Bremsprüfung. Um punkt sechs verlässt die Regionalbahn die „graue Stadt am Meer". Ziel: Westerland. Wie jeden Morgen füllt sich der Zug schnell. Viele Pendler, die auf Sylt arbeiten. „Bei den vielen Leuten kommt es schon mal vor", erzählt der Lokführer. „dass sie bei mir im Steuerwagen mitfahren wollen." Diesen Wunsch muss er aber stets abschlagen. Ohne Sondergenehmigung läuft nichts. Es gibt allerdings auch Ausnahmen, beispielsweise für Medienvertreter. So erhielt Joachim Böttger vor rund 15 Jahren auch einmal vom 1995 verstorbenen Tagesthemen-Moderator Hans-Joachim Friedrichs Begleitung. „Das war ein netter", erinnert sich der Bahnbeamte gerne an das besondere Interview zurück.

Kurz vor sieben ist es soweit. Hinter Klanxbüll geht es leicht bergauf. Schon an dieser Stelle beginnt für Joachim Böttger der Hindenburgdamm. Aus dem normalerweise 8,2 Kilometer langen Bahn-Erlebnis wird für den Lokführer eine 13 Kilometer währende reizvolle Aufgabe. Nur wenig später wird der Zug vom weiten Watt umschlossen. Links die „Südsee", rechts die „Nordsee" – so unterteilt Joachim Böttger das Meer, das er schätzungsweise 4000 Mal in seinem langen Berufsleben durchquert hat.

Am schwierigsten war es an einem Tag im Jahr 1992. Damals musste er einen 600 Meter langen Autozug mit nur einer einzigen Lok über den Damm manövrieren – und das bei Windstärke 12. Das Wasser stand so hoch, das es schon über das Bauwerk schwappte. Das Salzwasser strömte auf die Gleise und verwandelte sie in eine „Rutschbahn". Mit gerade einmal vier Stundenkilometern ging es voran. So dauerte es eine kleine Ewigkeit, bis Joachim Böttger das tobende Nass passiert hatte.

Überhaupt sorgt das Wetter für manch bleibenden Eindruck. Wenn es in Niebüll regnet, kann ein paar Kilometer westlich eine ganz andere Witterung herrschen. „Ab der Mitte des Damms sieht man dann, dass es über Sylt besser wird", schwärmt Joachim

Ein letztes Mal unter Dampf: Hauptlokführer Christian Sachau (rechts) und Oberlokführer Helmut Goos am 30. September 1972.
Helmut Goos fuhr 40 Jahre lang die Strecke von Hamburg-Altona nach Westerland.

Mehr Technik heute: Lokführer Matthias Putzer an seinem Arbeitsplatz.

Böttger von der „Wetterscheide“ Hindenburgdamm. Sein persönlicher Favorit ist der Nebel. „Wenn alles ineinander übergeht – das ist schön“. Schneefall hingegen liebt der Lokführer gar nicht, da die Sicht zu sehr eintrübt. Auf dem Damm bildet sich aber keine weiße Decke. Der Wind fungiert als „natürlicher Schneepflug“.

Zum Glück überwiegen die positiven Erfahrungen auf der Marschbahn. Dafür sorgt vor allem der Hindenburgdamm. Allein die Sonnenuntergänge sind eine Pracht. Joachim Böttger: „Es ist eine unvorstellbare Atmosphäre, wenn die Sonne über die Insel zieht.“ Ebenso reizvoll ist die kontinuierliche Beobachtung der Natur. Hasen erlauben sich ein Wettrennen mit der Regionalbahn, häufig brüten Austernfischer oder Enten auf dem Schienstrang, und erst vor kurzem landete ein prachtvoller Seeadler auf dem Gleis.

Zwanzig nach sieben: Joachim Böttger und die vielen Pendler erreichen den Endbahnhof Westerland. Der Zug wird in Tinnum gereinigt, dann geht es zurück. Noch dreimal überquert der Lokführer heute den Hindenburgdamm, ehe um zehn vor eins in Husum der Feierabend beginnt. Frühes Schlafengehen ist angesagt, denn in der kommenden Nacht klingelt der Wecker schon um kurz nach zwei. Und wieder ruft der Damm.

Der Arbeitsplatz von Joachim Böttger.

Mit dem „DB AutoZug SyltShuttle" auf die Ferieninsel – ein Blick hinter die Kulissen

Es ist gleich 9.15 Uhr. Das Ende der Verladezeit am DB AutoZug Terminal Niebüll – so die offizielle Bezeichnung – rückt näher. Durch einen Lautsprecher dringt die Durchsage: „Stellen Sie bitte den Motor ab, ziehen Sie die Handbremse an und legen Sie den ersten Gang ein, bei Automatikbetrieb die Stellung Parken! Bleiben Sie während der Überfahrt bitte im Auto sitzen." Die Fahrt mit dem „SyltShuttle" kann beginnen. Bis zu diesem „Startschuss" haben Mitarbeiter der DB AutoZug GmbH schon einige Hebel in Bewegung gesetzt, um einen reibungslosen Ablauf zu gewährleisten. Ein Geschehen, in das zahlreiche der 140 Beschäftigten des Unternehmens involviert sind. Einige Abläufe jedoch sieht der Kunde nicht.

Hinter den Türen der Verwaltung analysieren zum Beispiel einige Mitarbeiter die Ergebnisse der Vorjahre und ermitteln daraus Rückschlüsse für den nächsten Fahrplan. Wie viele Züge brauchen wir, wenn Weihnachten in der Woche liegt? Wie viele zum Ferienanfang in Nordrhein-Westfalen? Fragen, die alle nur ein Ziel haben: die wartenden Autoschlangen an den DB AutoZug Terminals in Westerland und Niebüll möglichst kurz zu halten.

Heute ist von einer Stoßzeit aber nichts zu merken. Eher im Gegenteil. An einem Dienstag im Januar fahren nur 13 der modernen „SyltShuttle" von Niebüll aus über den Hindenburgdamm. Auch der frühmorgendliche Versorgungsverkehr, bestehend aus einer Lastwagenkarawane, hat die ehemalige Kreisstadt Südtonderns bereits gen Westerland verlassen. Die Konsequenz für die Zusammenstellung unseres Zuges: zwei Doppelstock- und zwei Einstockeinheiten.

Im Terminal Niebüll sind zwei der fünf Check-in geöffnet. Mein „Chauffeur" Peter Schumann, der Verkaufsleiter der DB AutoZug GmbH, Niederlassung Sylt, bezahlt mit einer Chip-Karte; die 77 Euro für Hin- und Rückfahrt werden automatisch abgebucht. Noch sind aber das Ticket aus Papier und Barzahlung die gängige Methode, um auf die „rollende Landstraße" zu gelangen. Das Personal revanchiert sich dann mit einer kleinen Tüte. Ihr Inhalt: die Fahrkarte, Fahrplan, das Wechselgeld und hin und wieder ein Handzettel mit einigen wichtigen Informationen.

Wir sind bereits auf dem Areal, als plötzlich eine Ampel „rot" aufleuchtet. Eine Lok braust vorbei, die Rangierarbeiten für „unsere" Überfahrt laufen. Noch ist aber eine halbe Stunde Zeit. Eine gute Gelegenheit, Roland Petersen zu besuchen. Er und seine vier Kollegen sind in der Funktion als TerminalDispo abwechselnd für den gesamten Ablauf auf dem Gelände verantwortlich. „Wir sorgen dafür, dass alles zusammenspielt – für eine pünktliche Abfahrt und einen optimalen Kundendienst." Die fünf Männer geben dem Stichwort „Ladungssicherheit" seine Qualität, indem sie darauf achten, dass die Kraftfahrzeuge richtig auf die Waggons auffahren. Ferner kümmern sie sich um einen schnellen Ersatz, wenn

7. Juni 2001: Das erste Fahrzeug verlässt in Westerland den neuen SyltShuttle. Vor Ort Westerlands Bürgermeisterin Petra Reiber (links) und Winfried Czilvar, Geschäftsführer der DB AutoZug.

ein Lokführer ausfällt und halten – besonders wichtig – Kontakt zum Fahrdienstleiter, der einen Überblick über den gesamten Zugverkehr zwischen Sylt und dem Festland besitzt.

Wir gehen zurück zu unserem Fahrzeug. Der Zugführer ist gerade dabei, einen größeren Wagen auf den „SyltShuttle“ zu lotsen. Der Fahrer schlägt auf dem Vorplatz einen großen Bogen ein, sein Lkw bleibt schließlich entgegen der Fahrtrichtung auf einer Einstockeinheit stehen. Danach folgen nur noch ein paar kleine Lieferwagen und etwa 35 Personenautos. Auf dem Autozug ist genug Platz. Im Sommer hingegen kann es schon mal so eng werden, dass das maximale Lastgewicht von 1200 Tonnen erreicht wird. Fahrzeuge mit einem Gewicht von über 50 Tonnen – Teerlaster provozieren stets eine genauere Prüfung – dürfen überhaupt nicht an Deck. Ebenso ergeht es Fahrzeugen, deren Höhe mehr als 4,05 Meter misst. Sonst droht eine Karambolage mit der Brücke in Morsum.

Wir fahren als letztes auf den „SyltShuttle" und lassen zu unserem Vordermann einen gewissen Abstand. Normalerweise würden die Mitarbeiter des TerminalService uns auffordern, dichter aufzuschließen und keinen Platz zu verschenken. Aber wir befinden uns nun einmal nicht in der Hauptsaison. Währenddessen schreitet Zugführer Peter Nehrkorn die Autoreihe ab. Sein Blick gilt dem kränkelnden Detail. Er prüft zum Beispiel, ob jede Plane an den Fahrzeugen richtig befestigt ist oder ob die Fahrräder auf dem Dach sicher montiert sind. Sicherheit wird eben groß geschrieben.

Nun zeigt meine Armbanduhr 9.15 Uhr. Sollte es jetzt nicht losgehen? Aber da irre ich mich genauso wie viele andere Fahrgäste auch. In den Fahrplänen ist stets das Ende der Auffahrt angegeben. Die eigentliche Abfahrtzeit verschiebt sich um einige Minuten. Zunächst schließen sich die Seitenklappen, und die Notbremsleitung wird angelegt.

9.24 Uhr: Wir setzen uns in Bewegung. Der Zug fährt – und das relativ sanft. Die erst im letzten Jahr angeschafften neuen Waggoneinheiten sorgen für diesen Komfort. Während wir Niebüll und die beschauliche Marschlandschaft mit 100 km/h an uns vorbeirauschen lassen, hält sich ein Mitarbeiter des „Sylt Shuttle" im neuen Motorradwagen auf. Es ist Peter Nehrkorn, einer der 19 Zugführer, die jährlich rund 800 Mal das Wattenmeer zwischen Festland und dem Urlaubsdomizil queren. Seine Blicke tasten sich immer wieder an der Autoschlange entlang. Ist auch wirklich alles in Ordnung? Tage, an denen ein Passagier die Notbremse zieht oder an denen die Ladung eines Lkws verrutscht, sind zum Glück die Ausnahme.

In einem kleinen Raum des Motorradwagens befindet sich eine Lautsprecheranlage, die nun eine Bewährungsprobe bekommt; denn plötzlich stoppt der „SyltShuttle" auf freier Strecke – noch vor Klanxbüll. Warum halten wir bloß? Die Stimme aus dem Lautsprecher, die von Peter Nehrkorn, klärt auf: „Wir warten auf zwei entgegenkommende Züge." Wir halten im Kreuzungsbahnhof Lehnshallig. Bis Klanxbüll umfasst der Schienenstrang nur eine einzige Spur. Etwa fünf Minuten später sollen wir den zweispurigen Teilabschnitt erreichen. Zuvor begegnen wir aber noch einem anderen Autozug, auf dem zahlreiche größere Kraftfahrzeuge thronen. Die Rückreise der Lkw-Karawane hat begonnen, die Insel ist wieder für einen Tag mit allem Wichtigen versorgt.

Jetzt verläuft die Fahrt zügig. Rasch überfahren wir eine Deichwand. Vor uns dehnt sich die Nordsee aus. Es ist Ebbe. Ein herrliches Panorama, das nach nur wenigen Minuten von einer neuen Landschaft

Der „TerminalDispo" sorgt für reibungslosen Ablauf.

versperrt wird. Wir haben Sylt erreicht. Morsum und Keitum nehmen wir im Vorbeifahren wahr, ehe wir um 10.05 Uhr in Westerland eintreffen. Die Autos verlassen den Zug – als letzte wir. Andere Autofahrer warten bereits. In Kürze verlässt unser „SyltShuttle" wieder Westerland. Das Ziel: Niebüll. Während für mich ein „Highlight" der Stippvisite auf der Nordseeinsel beendet ist, läuft für die Beschäftigten der DB AutoZug, Niederlassung Sylt, der Berufsalltag weiter – im gewohnten Rhythmus.

Die Geschichte der Nösse-Kuhle:

Vom Baggerloch zum Biotop

3,2 Millionen Kubikmeter Bodenmaterial, dazu Tausende von Tonnen an Basaltblöcken – der Appetit des neuen Damms war unersättlich. Die Substanz des Bauwerks wurde überwiegend vom Festland herangeschafft, aber auch auf der Insel wurde man fündig: Am Morsumer Kliff bauten die Arbeiter Tonerde ab, und auch ein Stück weiter westlich gruben sich die Schaufeln der Bagger tief ins Erdreich. An dieser Stelle blieb am Rande der Heidelandschaft eine tiefe Mulde zurück, die sich langsam mit Grund- und Regenwasser füllte. Drei Jahrzehnte später, wir schreiben das Jahr 1958, pachten Sylter Angler das Gewässer von der Bundesbahn – für eine jährliche Zahlung von 20 Mark. Vor allem die Aale gedeihen hier prächtig und bringen den Anglern und ihren Familien beim Verkauf so manches finanzielle Zubrot.

Am 3. Januar 1976 ist es mit der Idylle jäh vorbei: Eine schwere Sturmflut erreicht an der nordfriesischen Küste Rekordhöhen mit bis zu 6,50 Meter über Normalnull. Die Nösse-Kuhle, wie das Binnengewässer inzwischen genannt wird, wird von den Wassermassen förmlich überwalzt. Das Salzwasser tötet alle Fische binnen Stunden – lediglich die zähen Aale überleben die Katastrophe. Drei Jahre lang ruht still der See, ehe der Angelverein 1980 wieder Süßwasserfische einsetzen kann. Doch nur ein Jahr später kommt es wiederum zu einer schweren Sturmflut und damit zur neuerlichen Überflutung – Hunderte toter Fische treiben an die Ufer. So kann es nicht weitergehen, sagen die Angler und machen Nägel mit Köpfen: Als die Bundesbahn das Areal Ende 1982 zum Kauf ausschreibt, kauft der Anglerverein das 50000 Quadratmeter große Gewässer samt der angrenzende Grundstücke für 130000 Mark. Um weiteren bösen Überraschungen vorzubauen, wird am Ostufer ein 320 Meter langer und 3,50 Meter hoher Schutzwall aufgeschoben und bepflanzt. 1987 kann das mittlerweile ausgesüßte Gewässer endlich wieder beangelt werden. Seitdem tummeln sich in den Fluten des bis zu sechs Meter tiefen Sees pralle Karpfen, stattliche Hechte und allerlei andere Fischarten.

Aber die Nösse-Kuhle ist nicht nur ein Eldorado für Petrijünger, sondern hat sich im Laufe der Zeit zu einem idyllischen Biotop entwickelt, zu einem Gefilde für Pflanzen und Rückzugsgebiet für Tiere. Das Gefleckte Knabenkraut, eine geschützte Orchideenart, fühlt sich hier ebenso heimisch wie Libellen, Fischreiher und Kormorane. Im Gestrüpp der Bäume und Büsche, die den See umwachsen, stöbern Iltisse und Igel. Die Angler haben den kleinen Garten Eden der Öffentlichkeit zugänglich gemacht: Informationstafeln unterrichten von der Tier- und Pflanzenwelt, und im Sommer laden Bänke Spaziergänger zum Verweilen ein. Und so hat sich das Areal, das heute im Landschaftsschutzgebiet liegt, über mehr als sieben Jahrzehnte hinweg vom bloßen Baustoff-Lieferanten zu einem malerischen Terrain für Flora, Fauna und den Menschen entwickelt.

FRANK DEPPE

Idylle am östlichsten Zipfel der Insel Sylt: Die Nösse-Kuhle.

Ist die Grenze erreicht? Fast eine Million Kraftfahrzeuge befördert die DB AutoZug heute jährlich in beiden Richtungen über den Hindenburgdamm.

Der Hindenburgdamm stößt an seine Grenzen

Ein Tag im Dezember. Es ist kalt. Ein „SyltShuttle“ in Niebüll soll entladen werden, doch es ergeben sich ungeahnte Probleme: Gleich acht Kraftfahrzeuge springen nicht sofort an und müssen vom Autozug geschoben werden. Eine zeitliche Verzögerung, die den minutiösen Ablauf stört. Die Folge: Der Fahrplan hat an diesem Tag keine Aussagekraft mehr. Wartezeiten und Verspätungen summieren sich.

Ein Beispiel, das deutlich zeigt, dass der Hindenburgdamm an seine Grenzen angelangt ist. 426 Personenzüge und 281 Autozüge – so lautete im Sommer 2001 die Frequenz durch das Wattenmeer. Für einen reibungslosen Verkehr muss da schon jedes Rädchen in das andere greifen. Deshalb erfolgte ab 2001 auch ein Ausbau des DB AutoZug Terminals in Niebüll. Über eine Neuordnung auf Sylt wird ebenfalls nachgedacht, zumal die langen Schlangen wartender Autos den innerörtlichen Verkehr in Westerland erheblich behindern. Eine Auslagerung des Terminals oder eine von der Keitumer Chaussee kommende Unterführung – zwei der zur Zeit möglichen Optionen.

Das größte Problem des Sylter Eisenbahnverkehrs sind aber zwei strukturelle Engpässe: Die Abschnitte von Niebüll nach Klanxbüll und von Morsum nach Westerland sind nur eingleisig. Abhilfe könnte ein Ausbau schaffen, doch eine durchgängige Zweigleisigkeit dürfte rund 45 Millionen Euro verschlingen; außerdem stehen in Tinnum die Häuser bis an den Schienenstrang. Eine andere Lösung wä-

re die Verlegung der Autozug-Terminals nach Morsum und Klanxbüll. Einen Schritt, den die DB AutoZug auf dem nordfriesischen Festland gehen wollte. Die Gegenströmungen erwiesen sich aber als zu kräftig.

Aber auch auf der gesamten Marschbahnstrecke besteht Verbesserungsbedarf, wie die Entwicklung der Fahrzeiten zeigt. Eine Zugfahrt vom Hamburger Hauptbahnhof nach Westerland dauert nicht mehr zweieinhalb Stunden wie noch 1975, sondern mittlerweile drei Stunden. Umfangreiche Sanierungsarbeiten am Schienenstrang scheinen erforderlich. Für eine weitere Beschleunigung könnte zusätzlich eine Elektrifizierung der Strecke von Itzehoe nach Westerland sorgen. Eine Realisierung ist aber erst für den Zeitraum nach 2010 vorgesehen. „Hier an der Westküste fahren wir noch eingleisig mit Dampf", ärgert sich ein Sylter Vorstandsmitglied des Unternehmensverbandes Unterelbe-Westküste. Ein überzogener Kommentar, doch eines ist sicher: Der Intercity-Express fährt in naher Zukunft nicht im Westerländer Bahnhof ein.

Angesichts der gewaltigen Automassen, die alljährlich über den Eisenbahndamm transportiert werden, war auch immer wieder der Bau einer Straße entlang des Schienenstrangs in der Diskussion. Zu-

Seit Sommer 2001 verkehrt der neue „SyltShuttle“.

letzt war es 1991 der Sylter Unternehmerverein, der eine solche Maßnahme forderte. Als Haken erwiesen sich bislang aber immer die Besitzverhältnisse am Damm. Als Sondervermögen gehört der Bahn das Watt in einer Breite von je 100 Metern an beiden Seiten. Kaum vorstellbar also, dass das Transportunternehmen einem Antrag auf Straßenbau zustimmt und damit sein lukratives Geschäft selbst untergräbt.

Aber wäre ein solcher Straßendamm überhaupt ein Segen für Sylt? Schließlich ist der insulare Verkehr auch schon so an seine Grenzen gestoßen. Längst rollt in den Sommermonaten eine fast unerträgliche Autolawine über die Straßen der Insel. Was wäre erst, wenn manch ein Autofahrer erst dazu ermuntert werden würde, sein geliebtes Fahrzeug nicht auf dem Festland zurückzulassen? Der „Königin der Nordsee“ würde sicherlich der Verkehrsinfarkt drohen. Eine Befürchtung, die mittlerweile alle Entscheidungsträger teilen. Nicht umsonst ist die DB AutoZug mit dem Tourismus-Service Westerland eine Kooperation eingegangen, die ihren Kunden eine kostenlose Benutzung des Strandbusses in der Inselmetropole garantiert – damit das Auto vor dem Feriendomizil stehen bleibt und nicht zu einem Verkehrskollaps beiträgt. Schließlich soll es auch in Zukunft heißen: „Nach Sylt fahren wir gerne.“

Fotonachweise:

Sylter Archiv:
Seiten 7, 8, 9, 11, 12, 13, 14, 17, 19, 21, 22, 27, 29, 31, 35 u., 36, 37, 43, 44, 46, 47, 49, 50, 52, 53, 54, 55, 58, 68,
Deutsche Bahn AG:
Seiten 16, 40,
Ernst Jacobsen:
Seite 23
Frank Deppe:
Seiten 25, 26, 33, 57, 62, 76
Sylt Picture:
Seiten 32, 51, 59, 72,
Sven Simon:
Seite 34 o.,
H. J. Stöver:
Seite 34 u.
Danker:
Seite 35 o.,
Th. Thomsen:
Seite 42
Michael Staudt:
Seite 60
Marcus Dewanger:
Seite 69
Günter Grätsch:
Seite 70
ddp:
Seiten 74, 78/79
dpa:
Seite 77